高等职业院校前沿技术专业特色教材

无人机植保应用技术

◎ 主　编 曹庆年　刘代军　林伯阳

副主编 穆豹特

清華大學出版社

北京

内容简介

本书符合无人机应用技术专业人才培养方案和人才培养目标，以农业植保知识为主线，具体、清晰地讲解无人机从业人员必须掌握的知识点，注重基本知识及技能。本书对无人机植保技术涉及的各类基础理论都做了详细阐述。根据植保行业现状及国内职业教育特点，本书在编写时分为九章，全面、系统地归纳了我国农业的发展及特点、植保无人机概论及分类、病虫害与农药基础知识、农作物常见病虫害的防治等理论知识，同时以"职校教学专用植保无人机"为例详细讲解了植保无人机的安装、调试、使用等内容，并详细列举了实际无人机植保作业规范及案例。本书可作为高等职业院校无人机应用技术专业学生教材，也可作为学习无人机植保的参考用书。

图书在版编目(CIP)数据

无人机植保应用技术/曹庆年，刘代军，林伯阳主编．—北京：清华大学出版社，2021.7（2025.2重印）
高等职业院校前沿技术专业特色教材
ISBN 978-7-302-57368-5

Ⅰ．①无… Ⅱ．①曹… ②刘… ③林… Ⅲ．①无人驾驶飞机－应用－植物保护－高等职业教育－教材 Ⅳ．①S4

中国版本图书馆 CIP 数据核字(2021)第 017881 号

责任编辑：张 弛
封面设计：刘 键
责任校对：袁 芳
责任印制：曹婉颖

出版发行：清华大学出版社
网 址：https://www.tup.com.cn，https://www.wqxuetang.com
地 址：北京清华大学学研大厦 A 座 **邮 编**：100084
社 总 机：010-83470000 **邮 购**：010-62786544
投稿与读者服务：010-62776969，c-service@tup.tsinghua.edu.cn
质量反馈：010-62772015，zhiliang@tup.tsinghua.edu.cn
印 装 者：三河市天利华印刷装订有限公司
经 销：全国新华书店
开 本：185mm×260mm **印 张**：9.25 **字 数**：214 千字
版 次：2021 年 7 月第 1 版 **印 次**：2025 年 2 月第 5 次印刷
定 价：49.00 元

产品编号：088171-01

专家委员会

序 言

职业教育与普通教育作为高等教育的两翼，具有同等重要的地位。改革开放以来，职业教育为我国经济社会发展提供了有力的人才和智力支撑，现代职业教育体系框架全面建成，服务经济社会发展能力和社会吸引力不断增强，具备了建设科技强国的诸多有利条件和良好工作基础。随着我国进入新的发展阶段，产业升级和经济结构调整不断加快，各行各业对技术技能人才的需求越来越紧迫，职业教育的重要地位和作用进一步凸显。这一点在我国航空科技领域愈发突出，航空产业发展离不开大国工匠和高水平的职业技术人才。

作为我国航空科技飞速发展的重要代表，无人机技术广受关注，已经一跃成为通用航空领域的一支新生力量，目前中国民用消费类无人机的市场份额已占全球70%左右。2017年12月，工业和信息化部印发《关于促进和规范民用无人机制造业发展的指导意见》。到2025年，综合考虑产业成熟度提升后的发展规律，民用无人机产业将由高速成长转向逐步成熟，按照年均25%的增长率测算到2025年民用无人机产值将达到1800亿元。2020年，习近平总书记在视察空军航空大学时指出："现在各类无人机系统大量出现，无人作战正在深刻改变战争面貌。要加强无人作战研究，加强无人机专业建设。"职业技术院校无人机应用技术专业成为当下最热门的专业之一，已有500多所院校新设相关专业，远超设置航空相关专业的综合性大学数量。

目前国内无人机教育仍然处在探索和起步阶段，伴随着近年来国内无人机市场的井喷发展，无人机人才需求缺口也日益凸显，尤其是无人机技能人才缺口更大。从不同层次的学科培养角度，院校需要区分高等教育和职业教育的特点，进而达到有针对性的教育目的，实现人才培养和供给的多元化。随着人社部把无人机驾驶员作为13个新职业之一，无人机应用成为新热点，具备实际操作能力的无人机操控及维护人员将成为炙手可热的人才。在我国就业形势异常严峻的大背景下，无人机应用技术人才却成为国家紧缺人才之一，专业无人机操控技能将显示出超强的竞争力，学习和参与无人机的人数逐年上涨。2019年，无人机装调检修工再次成为新兴职业，新增无人机专业(或无人机方向)的中高职院校将很快超过1000所。但是与通用航空事业已经较成熟的发达国家相比，与建设现代化经济体系、建设科技强国的要求相比，我国无人机职业教育还存在着体系建设不够完善、无人机职业技能实训基地建设有待加强、制度标准不够健全、企业参与办学的动力不足、技术技能人才成长的配套政策尚待完善、办学和人才培养质量水平参差不齐等问题。

为贯彻落实《职业学校校企合作促进办法》《国家职业教育改革实施方案》等文件精神，推动无人机职业教育事业发展，提高中、高等职业教育发展水平，完善高层次应用型人才培养体系，促进校企产教融合，为企业培养具有良好职业素质的应用型人才，中国航空学会组织 40 余位航空科技，尤其是无人机科研和教育方面的专家编写了本系列教材，希望为无人机技能人才培养提供参考支撑。这是中国航空学会作为我国航空科技领域最具影响力的科技社团的使命与职责。

本系列教材得到了北京小飞手教育科技有限公司和圆梦天使(北京)教育科技有限公司的大力支持，在此深表感谢。

中国航空学会理事长

林左鸣

前言

习近平总书记高度重视职业教育工作，强调在全面建设社会主义现代化国家新征程中，职业教育前途广阔、大有可为，并提出建设一批高水平职业院校和专业，加快构建现代职业教育体系，培养更多高素质技术技能人才、能工巧匠、大国工匠。无人机产业是我国战略性新兴产业之一，不仅是衡量国家科技实力和高端制造水平的重要标志，也是推动经济高质量发展、促进人民美好生活的重要支撑。近年来，我国无人机产业发展方兴未艾，特别是在国家出台的一系列政策扶持鼓舞下，迎来了绝佳的发展契机和更加优越的发展环境，呈现出“飞起来、热起来、强起来”的良好态势，但目前无人机的职业教育工作仍处于起步阶段，各地职业院校开设了无人机专业，急需符合理论需求、满足现实需要的教材。

无人机具有广泛的应用场景，农业是极其重要的一个领域。我国正处于从农业大国向农业强国转变的战略机遇期，植保无人机以效率高、节水、省药、操作安全等多种优势在未来的发展中大有可为。植保无人机专业技术人员需要复合型知识结构，既需要懂得无人机专业知识，又需要掌握农业、农药等方面的知识。为解决我国植保无人机职业教育领域的实际问题，本书以植保无人机为切入点，结合职业教育无人机应用技术专业的建设目标和教学实际编写了本书，希望能够为我国职业教育无人机应用技术专业的发展贡献一份力量。

本书共分九章，第一章讲述了我国农业概况；第二章讲述了植保无人机的概论与分类等；第三章主要讲述了病虫害与农药基础知识，包括农药的毒性、分类等；第四章主要讲述了几种农作物病虫害的特征及其防治方法；第五章至第九章讲述了植保无人机的组装、调试、地面站系统、其他拓展模块等以及植保无人机的作业规范、注意事项等。

无人机植保应用技术作为职业院校无人机应用技术专业系列课程的一部分，在内容上力求丰富，既有系统的关于植保飞防的理论知识，又有完整的实际操作技能讲解，希望大家对于无人机在植保领域的应用有一个全面的认识。

由于编者水平有限，书中难免存在不妥之处，敬请各位批评、指正，方便日后完善。

编　者

2021 年 5 月

目录

第一章　我国农业概况 …… 1

第一节　我国农业现状 …… 1
第二节　我国农业的分布状况及其特点 …… 3
第三节　植保机械与施药技术 …… 5
第四节　航空施药的发展现状 …… 7
第五节　我国农业发展趋势——精准农业 …… 8
第六节　5G 网络技术与未来农业 …… 10

第二章　植保无人机概论与分类 …… 12

第一节　植保无人机概论 …… 12
第二节　植保无人机动力来源分类 …… 13
第三节　植保无人机平台构型分类 …… 14

第三章　病虫害与农药基础知识 …… 16

第一节　植物虫害 …… 16
第二节　植物病害 …… 17
第三节　农药基本知识与分类 …… 21
第四节　农药剂型的认识 …… 27
第五节　农药的毒性与药害 …… 30
第六节　农药的使用 …… 35

第四章　农作物常见病虫害的防治 …… 41

第一节　小麦常见病害及防治 …… 41
第二节　小麦常见虫害及防治 …… 47
第三节　小麦田间杂草诊断及防治 …… 49

第四节　水稻常见病害及防治 …… 52
第五节　水稻常见虫害及防治 …… 55
第六节　水稻田间杂草诊断及防治 …… 58
第七节　玉米常见病害及防治 …… 60
第八节　玉米常见虫害及防治 …… 63
第九节　玉米田间杂草诊断及防治 …… 66
第十节　棉花常见病害及防治 …… 67
第十一节　棉花常见虫害及防治 …… 70

第五章　植保教学无人机系统与组装 …… 74

第一节　植保教学无人机介绍 …… 74
第二节　植保教学无人机组装 …… 77

第六章　植保教学无人机调试 …… 82

第一节　飞控端口介绍 …… 82
第二节　主控安装 …… 83
第三节　软件调试 …… 84
第四节　遥控器设置 …… 90
第五节　加速度计校准 …… 93
第六节　高级功能 …… 95

第七章　植保教学无人机地面站系统 …… 102

第一节　主界面 …… 102
第二节　App 设置 …… 103
第三节　航线规划 …… 103
第四节　选起飞点和返航点 …… 105
第五节　航线上传 …… 106
第六节　全自主飞行避障 …… 106

第八章　植保教学无人机拓展模块 …… 108

第一节　打点器 …… 108
第二节　流量计 …… 110
第三节　液位计 …… 111
第四节　实时差分定位技术 RTK …… 112
第五节　视觉避障模块 …… 113
第六节　仿地雷达 …… 115
第七节　播撒系统 …… 116

第九章　植保无人机作业规范…………………………………………… 118

第一节　植保无人机作业前检查确认……………………………………… 118
第二节　植保作业气象……………………………………………………… 120
第三节　植保作业人员安全防护及要求…………………………………… 121
第四节　植保作业后设备维护……………………………………………… 122
第五节　应急事件处理……………………………………………………… 126

附录…………………………………………………………………………… 128

附录一　小麦飞防施药案例………………………………………………… 128
附录二　水稻飞防施药案例………………………………………………… 129
附录三　玉米飞防施药案例………………………………………………… 130
附录四　棉花飞防施药案例………………………………………………… 131
附录五　柑橘树飞防施药案例……………………………………………… 132
附录六　荠菜飞防施药案例………………………………………………… 133

第　一　章

我国农业概况

第一节　我国农业现状

农业作为我国国民经济基础和国民赖以生存的根本，在我国经济体系中一直是不可或缺的重要组成部分，对我国的经济发展有着非常重要的影响。它自古以来就是国民经济的基础，为了实现经济腾飞及综合实力的提高，我国一直在探索农业发展的道路。

我国耕地总面积约为18.29亿亩(1亩≈666.7m^2)(图1.1)，人均不足1.4亩，为世界人均水平的40%左右，却要养活地球上约1/5的人口。作为一个农业大国，地少人多也是我国的现实国情。

图1.1　我国农业耕地(源自《南方日报》)

目前农业发展和粮食生产存在的问题主要表现在以下几个方面。

一、耕地资源不断减少

我国是一个资源约束极为强烈的国家,土地尤其是耕地资源高度短缺。目前我国人均耕地面积不足1.4亩,耕地不断减少将把我国粮食生产推到越来越狭窄的空间中,这给农业发展造成了严重威胁。

二、耕地质量退化

耕地质量退化是粮食产出率下降的一个重要因素。此外,我国工业化快速发展引发的环境问题,如空气污染、灌溉水污染、酸雨等已开始对粮食产量增长构成威胁。

三、农业发展现代化水平不高

农业发展的信息化与机械化是智慧农业发展的重要基础。到2010年我国主要农作物综合机械化水平突破50%,标志着我国农业从依赖人畜力为主向依赖机械化为主的历史转变。然而,由于地区间、民族间经济和自然条件等方面的差异,农业综合机械化水平发展不平衡,面临自然资源紧缺和生态环境破坏等问题。同时,农业信息技术应用等更是处于非常初级的阶段,还没有真正在推动农业发展中发挥实质性的作用。

四、农产品生产成本上升、收益下降

农产品生产成本上升、收益下降使得农业的比较优势弱,也使国内市场的几种主要农产品价格与国际市场的差距变得越来越小。

五、资源及生产技术的制约

我国地少人多是显而易见的基本国情,小规模家庭经营格局有继续长期存在的客观基础,从而极大地限制了各种技术手段的运用和农业生产水平的提高。目前我国农业技术在整体上仍相当落后,大多数地区仍然沿用传统精耕细作技术,机械化水平低(图1.2),劳动生产率不高,化肥使用品种及数量不当,优良品种推广面积有限。

图1.2 传统农耕方式(源自《玉溪日报》)

六、水资源缺乏及污染严重

水资源缺乏及污染严重(图1.3)问题已成为制约农业发展的主要因素。同时,人口与环境配置不协调,造成对环境的巨大压力,也成为农业发展的瓶颈。

图1.3　水资源污染严重

第二节　我国农业的分布状况及其特点

我国幅员辽阔,生态多样,气候变化大,因此作物种类多,地域性强,分布广泛。

我国农业的地区分布主要存在东部和西部、南方与北方之间的差异。大致形成了以下特点。

(1) 东、西部以400mm年降水量线为界。

东部主要是种植业、林业和渔业。东部湿润半湿润地区的平原地区以种植业为主;西部地区以畜牧业为主,因为降水稀少,种植业只分布在有灌溉水源的平原、河谷和绿洲。

(2) 南、北方以800mm年降水量线或秦岭—淮河一线为界,均以种植业为主。

秦岭—淮河一线以北主要是旱地,灌溉多采用水浇形式。种植的农作物有小麦、棉花、花生、甜菜等。东北地区农作物一年一熟,华北平原一般两年三熟或一年一熟。

秦岭—淮河一线以南主要是水田,广泛种植水稻。此外,棉花、油菜、甘蔗等农作物的种植面积也较广。大部分地区一年两熟至三熟。

一、耕作制度与方式

1. 东部季风区

东部季风区主要包括东北平原、华北平原、长江中下游平原等,都是一年两熟到三熟,种植的作物因地理纬度的高低而不同,东北平原主要是玉米和大豆,华北平原主要是水稻、棉花和大麦,长江中下游平原主要以水稻为主,个别地区一年可以三熟。

2. 西北干旱半干旱地区

西北干旱半干旱地区主要范围是新疆盆地和黄土高原,一般是一年一熟,或者两年三熟,陕西、山西、甘肃以小麦、马铃薯和玉米为主,宁夏和内蒙古河套地区有水稻产区。新疆主要是经济作物,如棉花、玉米等。

3. 青藏高寒区

青藏高寒区主要包括雅鲁藏布江谷地、青海部分地区，农作物一年一熟，主要农作物有油菜、青稞，雅鲁藏布江地区为小麦产区。

二、主要作物分布区

1. 小麦

(1) 春小麦区。我国春小麦占全国小麦总产量的10%以上，主要分布于长城以北，岷山、大雪山以西气候寒冷、无霜期短的地区，小麦只能在春天播种，当年收割，是一年一熟制作物。其中黑龙江、内蒙古、甘肃和新疆为主要产区。

(2) 北方冬麦区。分布在长城以南、六盘山以东、秦岭—淮河以北的各省区，包括山东、河南、河北、山西、陕西等省，是我国最大的小麦生产区和消费区，该区小麦的播种面积和产量均占全国的2/3以上，有我国的“麦仓”之称。

(3) 南方冬麦区。分布在秦岭—淮河以南、横断山以东地区。安徽、江苏、四川和湖北等省为集中产区，大部分为棉麦和稻麦两熟制。由于本区域居民以稻米为主食，故小麦商品率较高。

2. 水稻

(1) 南方稻谷集中产区。分布在秦岭—淮河以南、青藏高原以东的广大地区，水稻面积占全国的95%左右。

(2) 北方稻谷分散区。秦岭—淮河以北的广大地区是属单季粳稻分散区。稻谷播种面积占全国稻谷总播种面积的5%左右。具有大分散、小集中的特点。主要分布在以下三个水源较充足的地区：东北地区水稻主要集中在吉林的延吉、松花江和辽河沿岸；华北主要集中于河北、山东、河南三省及安徽北部的河流两岸及低洼地区；西北主要分布在汾渭平原、河套平原、银川平原和河西走廊以及新疆的一些绿洲地区。北方分散产区的水稻以一季粳稻为主，稻米质量较好。

3. 油菜

油菜是我国播种面积最大、地区分布最广的油料作物，是世界上生产油菜籽最多的国家。油菜是喜凉作物，对热量要求不高。根据播种期的不同，可分为春、冬油菜。春、冬油菜分布的界限相当于春、冬小麦的分界线而略偏南。我国以种植冬油菜为主。长江流域是全国冬油菜最大产区，其中四川省的播种面积和产量均居全国之首。其次为安徽、江苏、浙江、湖北、湖南、贵州等省。春油菜主要集中于东北地区和西北北部地区。

4. 棉花

我国棉花目前主要有三大产区，包括新疆棉区、黄淮流域棉区和长江流域棉区。

(1) 新疆棉区。该区日照充足，气候干旱，雨量稀少，属灌溉棉区；耕作制度为一年一熟，棉田集中，种植规模大，机械化程度较高；单产水平高，原棉色泽好，“三丝”含量低。新疆是我国唯一的海岛棉(长绒棉)产区。

(2) 黄淮流域棉区。该区包括河北(不包括长城以北地区)、山东、河南(不包括南阳、信阳两地区)、山西南部、陕西关中、甘肃陇南以及江苏、安徽两省的淮河以北。该区土地平坦，灌溉条件较好，日照充足，光热资源适中；棉田布局集中，耕作制度以两熟套种为主；棉花生产成本较低，单产水平中等，纺织工业较发达，运输成本低。

(3) 长江流域棉区。该区包括上游的四川盆地、中游的洞庭湖平原、江汉平原、鄱阳湖平原和沿江地区以及下游滨海地区。该区光热资源丰富，棉田布局较集中，单产水平较高，纺织工业发达，运输成本较低。

5. 甘蔗

甘蔗是热带和南亚热带经济作物，具有喜高温、喜湿、喜肥的特性，生长期长。我国甘蔗主要分布在北纬24°以南地区。其中以广东、广西、台湾、福建、海南、云南、四川等省区种植面积最大，广东是我国大陆地区种植甘蔗最多的省份。

第三节　植保机械与施药技术

我国的农作物病虫生物灾害发生得较严重且较频繁，日益加重的趋势比较明显。近五年年均发生面积超过了4.2亿公顷(hm^2，$1hm^2=10^4m^2$)，化学防治面积占到了2.65亿公顷，每年大约有1×10^6t的农药制剂被喷洒到田间地头。化学农药的使用虽然能及时、有效地控制病虫害，为保障农业的生产增收做出了巨大的贡献，但是由于滥用、乱用农药也出现了一些严重的问题(图1.4)。比如，农药的残留影响农产品的安全和生态环境的安全等诸多问题，已然引起了社会的广泛关注。

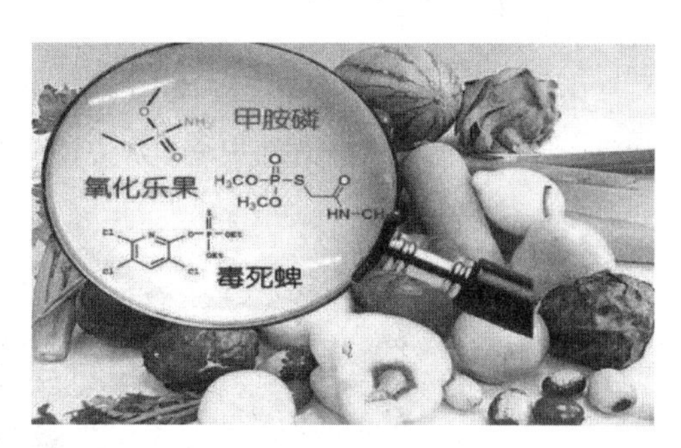

图1.4　农药制剂引起的危害

近年来，随着植保机械与施药技术的不断发展，有效地提高了病虫害的防治效果，降低了防治成本，改善了农田的生态环境，效果和效益十分明显。但是，安全、合理、科学地使用农药仍然是一个很重要的话题。经过了多年的发展，我国在植保机械和施药技术方面取得了一些进步，特别是关于民用无人机在农业植保中的应用崭露头角。

一、人工背负式施药作业方式

人工作业(图1.5)每天仅可施药2～6亩，这种作业方式效率低容易踩踏作物，造成农作物落花落果；高杆作物如甘蔗和玉米等难以施药，液量比较大，整体雾化性能差，70%的农药无法进行有效利用；水资源浪费严重，大部分农药随水流失到土壤中容易污染土壤，破坏生态环境，对于劳动者来说劳动强度大、效率低、耗时长，而且农药容易经过呼吸道及皮肤接触进入施药者体内而造成农药中毒。据不完全统计，每年我国因农药中毒达10万人次，所以人工背负式施药对于作业者安全来讲是一个极大的考验。在遇到突发性和爆发性大规模病虫害的时候，难以达到防治要求和效果，从而造成农作物减产和绝收情况的发生。

图 1.5　背负式施药

二、拖拉机施药

采用拖拉机进行植保施药(图 1.6)最多可达 100 亩/天，拖拉机不能进行山地丘陵作业，而且易对作物造成机械性损伤，掉头转弯倾轧作物容易使农作物减产。

图 1.6　拖拉机施药

在农作物生长中后期也不宜进入农田作业，对部分高秆作物难以施药；在施药特点上液量比较大，而且雾化性能也不均匀。70%的农药无法进行有效利用，而且对于水资源的浪费也比较严重，容易造成土壤污染，破坏生态环境；农田还要预留拖拉机通道，周围也不能有大的障碍物；对于施药者要注意防护措施，谨防农药中毒。

三、植保无人机飞防施药

近年来，植保无人机飞防作业以速度快、效率高、成本低等优点已经成为农户心目中首选的喷防作业方式，得到了越来越广泛的应用。目前，成熟的植保机型每天能完成 300～

800 亩的作业量，是人工背负式施药效率的数十倍。

植保无人机可以执行多种地形的作业任务，也可以对多种作物进行施药（图 1.7）。先进的植保无人机还可以避免重喷、漏喷对农作物造成药害的情形。由于植保无人机的雾化沉淀均匀、穿透性好，对农作物施药的叶面效果非常好。相对于传统的施药方式，无人机飞防作业大约可以节约 50% 的农药使用量和 90% 的用水量。极大地减轻了药害，同时又保证了飞防施药的效果，而且对于农业生态的保护也起到了一定的作用。无人机由于体积小、方便田间地头的转场，可以进行高效的飞防作业。

图 1.7　植保无人机飞防施药

第四节　航空施药的发展现状

农业航空是现代化农业的重要组成部分，也是反映农业现代化水平的重要标志之一，从世界各国的农业发展状况来看，农业航空发达的国家有美国、日本、巴西等，并且在农业航空领域取得了巨大的成就。

我国航空施药起步相对较晚，其最早可追溯到 20 世纪 50 年代初，当时以载人固定翼飞机为主，如 Y-5B(D)、Y-U 等，并在很长一段时间内占据飞防的主要地位。20 世纪 90 年代，开发出了专门配置于轻型飞机（如“海燕”等）的农药喷洒设备，可广泛用于大田作物（如小麦、棉花等）的病虫害防治，并可用于化学除草、森林病虫害防治、草原灭蝗、叶面施肥、喷施棉花落叶剂等。1995 年，北京科源轻型飞机实业有限公司开发的“蓝鹰 AD200N”开始用于飞防实践，主要用于农田、林区的病虫害防治以及卫生防疫等，并且防效高、用药液量少。1999 年，中国林业科学研究院在“海燕 650B”型无人机上融合了超低容量喷洒装置和 GPS 导航系统，在广西壮族自治区武鸣林区进行病虫害的防治试验研究。目前，我国有农林使用的固定翼飞机 1400 架，直升机 60 余架，使用固定翼飞机和直升机防治农林业病虫草害和施肥的面积达到 $2\times10^6\,\text{hm}^2$，并且此数字有进一步上升的趋势。但我国与美国、日本、德国等航空植保发达国家相比仍存在巨大的差距，在农用飞机拥有量、年飞防面积和使用技术方面仍比较落后（图 1.8）。

随着我国农业的发展，机械化、自动化是必然趋势，尤其是在平原地区更应该得到大范

中国农业航空作业面积
仅占总耕地面积的2.6%左右

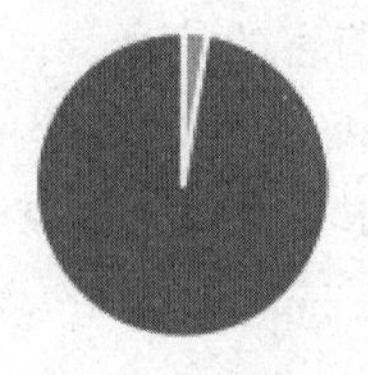

美国等农业航空作业发达国家
航空作业面积占总耕地面积的30%～50%

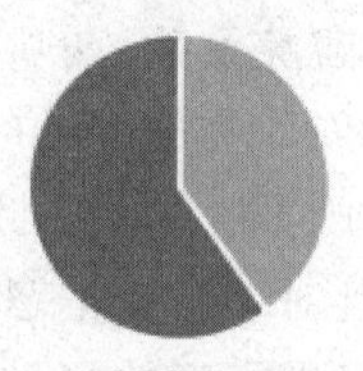

图 1.8　中国和美国农业航空作业面积对照

围的推广和应用。在美国、德国等农业体系发达的国家都已经采用了机械自动化的农业发展，以高科技器械代替人工种植、喷洒农药、收割作物等行为，不仅取得了较高的农业生产效率和产量，而且使劳动力得到进一步发展。在我国农业发展过程中，农用植保无人机正处于推广应用阶段，其使用价值和机械收割机、插秧机同样重要，可帮助农民减轻工作负担，大大促进我国农业的发展，并与国际接轨。农用植保无人机在我国的起步较晚，但是随着对农用航空的重视及投入的加大，我国农用无人机的研究及发展也进入了新的阶段，发展最快的是小型农用植保无人机。农用无人机发展状况与大型农用飞机相比，无人机用于农业作业近年来发展迅速，其作业机型种类较多，包括油动单旋翼、油动多旋翼、电动单旋翼、电动多旋翼等。目前，我国的小型农用无人机正逐渐推广应用于作物授粉等农业生产领域。随着我国农业结构的调整，农民在农业生产中对适用的农业机械化新技术和各种配套机具的需求越来越迫切，农用无人机以其在农林植保喷药、风力授粉、农田遥感等方面独特的作业优势受到广泛关注。面对农业上的巨大需求，不少科研机构和企业已投入大量人力、物力进行农用无人机的相关研究和生产，根据当前我国的农业发展，展望未来的农用植保无人机的发展，充分得出农用植保无人机对于我国农业进步具有重要意义，不仅能够重新构架我国农业体系，而且对于农业机械化产生助力作用，提高我国农业在世界的地位，创造更多的经济价值。

第五节　我国农业发展趋势——精准农业

精准农业(precision agriculture)是综合应用现代高科技，以获得农田高产、优质、高效的现代化农业生产模式和技术体系。具体地说，就是利用遥感(RS)、卫星定位系统(GPS 或 WWGPS)等技术实时获取农田每一平方米或几平方米为一个小区的作物生产环境、生长状况和空间变异的大量时空变化信息，及时对农业进行管理，并对作物苗情、病虫害、墒情的发生趋势进行分析、模拟，为资源有效利用提供必要的空间信息(图 1.9)。在获取上述信息的基础上，利用智能化专家系统、决策支持系统按每一块地的具体情况做出决策，准确地进行灌溉、施肥、喷洒农药等。从而最大限度地优化农业投入，在获得最佳经济效益和产量的同时，保护土地资源和生态环境。精准农业包括施肥、植物保护、精量播种、耕作和水分管理等领域。

未来信息技术的不断发展将会给农业发展带来巨大的优势，精准农业就是这种高科技的产物。当今世界农业发展的新潮流是由信息技术支持的根据空间变异，定位、定时、定量

图 1.9　无人机遥感监测

地实施一整套现代化农事操作技术与管理的系统，其基本含义是根据作物生长的土壤性状，调节对作物的投入，即一方面查清田块内部的土壤性状与生产力空间变异，另一方面确定农作物的生产目标，进行定位的“系统诊断、优化配方、技术组装、科学管理”，调动土壤生产力，以最少的或最节省的投入达到同等收入或更高的收入，并改善环境，高效地利用各类农业资源，取得经济效益和环境效益。

精准农业由十个系统组成，即全球定位系统、农田信息采集系统、农田遥感监测系统、农田地理信息系统、农业专家系统、智能化农机具系统、环境监测系统、系统集成、网络化管理系统和培训系统。

精准农业无疑在技术上有着独特的优势，有着其他农业模式无法比拟的优越条件，但是显然它的优点也可能变成缺点。技术的高要求以及前期的高投入令许多人望而却步。所以，精准农业一般在平原地区或者大规模机械化地区比较实用，它将覆盖中国所有的粮食主要产区。在人多地少的现实情况下，精准农业是未来粮食安全的重要保障。

精准农业是美国等发达国家率先发展起来的 21 世纪农业模式，它是现代信息技术在农业生产中应用的产物。20 世纪 80 年代初，美国首次提出精准农业的概念和设想，并在 1992 年 4 月召开了第一次精准农业学术研讨会，此后精准农业进入了生产实际应用。目前我国的精准农业之路仍然处于起步阶段，但是已经进行了有益的探索。我国幅员辽阔，各地的自然条件、社会经济条件差异显著，在农业机械化水平、土地利用率、集约化程度、综合生产力等方面都与发达国家存在很大差距；并且中国的农业面临着环境日益恶化的问题。因此，在充分了解国际上精准农业发展的理论原理和技术原则的基础上，结合我国具体情况，从集资源化、信息化、知识化、生态化于一体的全方位生态系统出发，研究发展适合我国国情的精准农业技术体系，走准农业发展之路是我国农业发展的必然。

精准农业这一新技术的应用可以更好地使农业航空施药更加精确、更有效率。这些近年来快速发展的技术对于航空精准变量施药作业系统至关重要，也是未来精准农业植保的发展方向。

第六节　5G 网络技术与未来农业

一、5G 网络技术

5G 网络是第五代移动通信网络，其峰值理论传输速度可达 10～20GB/s，是 4G 移动网络传输速度的数百倍，伴随着 5G 技术的不断发展，5G 技术将会应用于各个领域。2019 年，我国工业和信息化部已经给四家运营商颁发了 5G 牌照，这标志着我国正式进入 5G 商用元年（图 1.10），接下来，整个社会将会进入万物互联的大爆发时期。

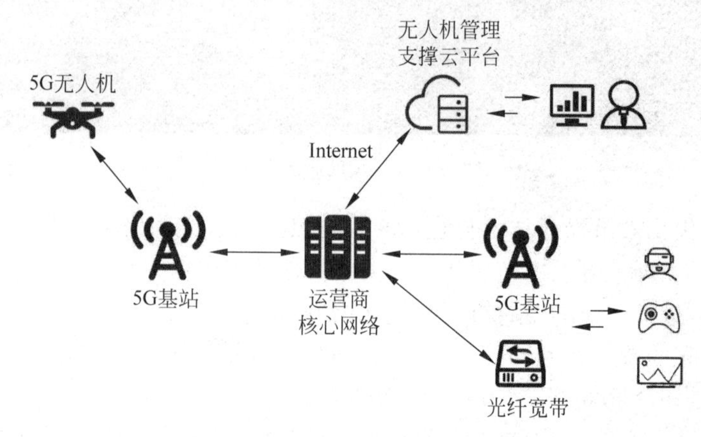

图 1.10　5G 移动网络传输

二、5G 技术与农业

5G 带来信息化的颠覆式变革，目前农业大数据正由技术创新朝着应用创新转变，而 5G 也将为农业带来海量的原始数据，未来大数据技术能将农业丰富的数据类型与应用场景进行不断的深度融合，实现应用创新层面的大爆炸，从而推动智慧农业的不断前进（图 1.11）。

图 1.11　5G 网络在智慧农业中的应用

5G将带来大数据产业的繁荣，以及带动智慧农业的迅速成长。智慧农业就是将物联网技术运用到传统农业中，用传感器和软件通过移动平台（如手机）或者计算机平台对农业生产进行控制，让传统农业更具有智慧。通俗地讲，就是利用设备收集大气、土壤、作物、病虫害等多方面的数据，以便随时随地指导农业生产。智慧农业必须依托于物联网技术，物联网就是让所有的农业生产设备能够实现互联互通的网络。

近十多年，农业植保无人机在我国迅猛发展。至2017年9月，据不完全统计，全国植保无人机装机量达到近万架，已经在包括水稻、小麦、玉米、甘蔗、果树、棉花等多种作物上进行了病虫害防治作业，实际效果证明已经达到实用水平，正处于迅速发展阶段。

三、通信能力需求

无人机测绘先行，测绘除了土地信息外，也包括气候采集，如风速、天气、温度、湿度以及大气压力的数据实时观测。高效、快捷的测绘可用于路径规划和精准作业，即测即洒是未来植保无人机发展的方向。

未来无人机农业植保将成为一种服务，互联网农业服务平台公司一端连接种植户，另一端连接专门提供无人机喷洒农药服务的队伍，搭建了一套农业生产服务平台，种植户无须购买无人机，只需要订购农事服务即可。表1.1所示为无人机农业植保场景网络指标。

表1.1　无人机农业植保场景网络指标

<table>
<tr><th>时间指标</th><th>业务属性</th><th>上行速率</th><th>下行速率/kbps</th><th>业务端到端延时/ms</th><th>控制端到端延时/ms</th><th>定位/m</th><th>覆盖高速/m</th><th>覆盖范围</th></tr>
<tr><td>2018年</td><td>喷洒农药</td><td>UL 300kbps</td><td rowspan="2">300</td><td><500</td><td><100</td><td><0.5</td><td>10</td><td rowspan="2">农村</td></tr>
<tr><td>2019年</td><td>农业土地勘测</td><td>UL 20Mbps</td><td><200</td><td><20</td><td><0.1</td><td>200</td></tr>
</table>

植保无人机当前经营模式通常由植保队操作，飞行状态数据实时通过蜂窝网络上报云端用于计费和管理，高精度定位信息通过短距通信或蜂窝网络下发给无人机。土地勘测图片数据量大，目前以存在SD卡上为主，未来希望5G网络能够提供实时传输。

当前，无人机与无线通信跨界融合的需求与趋势已经有目共睹，无人机5G应用的产业生态从无人机应用场景和通信需求、终端通信能力、无线技术等方面也初步成熟。未来，我们希望通过无人机5G应用领域的持续创新，促进无人机在农业植保等多种场景的网联化、智能化建设，提升无人机5G技术在“智慧农业”的应用水平，从而构建一个全新的农业生态。

课后题

1. 我国农业发展存在问题的主要表现是什么？
2. 精准农业的内涵是什么？精准农业是由哪些系统组成的？
3. 精准农业的发展目标是什么？精准农业的理念起源于哪个国家？
4. 请简述我国农业分布状况及其特点。
5. 植保无人机施药对于传统施药技术来说有什么优点？

第二章

植保无人机概论与分类

第一节　植保无人机概论

无人机进行植保作业具有飞行速度快、喷洒作业效率高、应对突发灾害能力强等优点，克服了农业机械或人工无法进地作业的难题，其发展前景受到农业植保领域的高度重视。2014年中央一号文件明确提出要“加强农用航空建设”，为航空植保的发展指明了方向。

一、植保作业

无人机能代替地面机械进行农事生产，对农作物开展施药施肥，精准施药保证农作物长势，并有效提高其生长品质。无人机工作时产生的向下气流能提高雾流对作物的穿透性，保证正反叶面均能着肥着药，还具有杀除作物生长环境中的病菌和害虫的作用，为作物提供良好的生长环境。农用植保无人机的飞行作业速度一般为3～6m/s。飞行过程中还能保持与作物1～2m的固定高度，规模作业时能保证5.3～6.7hm^2/h的效率，效率是常规喷洒的数十倍。农用无人机的作业不受耕作模式及区域的限制，自动飞控导航作业能有效保证操作人员的安全，并弥补了植保机械和人工作业进地难、效果差等不足。

二、林业监测

无人机通过搭载高分辨率监测、摄像设备，可以解决勘察人员不足、效果差、效率低等问题，有助于林区管理人员精确掌握林区的森林现状。其巡查系统可以对异常、病变、枯死的林木精准定位，通过采集有效的影像资料，可以实施森林资源调查和荒漠化监则、森林病害虫监测及其防治、森林火灾监测和动态管理、火灾救援及人工降雨等工作，最终为林业的时查时管提供科学、有效的依据。

三、作物授粉

传统的杂交稻制种人工牵绳授粉、人工辅助授粉，每个劳力每天可授粉 0.2～0.33hm^2，花粉传播距离近，劳动强度大；而电池动力无人直升机辅助授粉，每天的有效授粉时间约30min，授粉 2～3 次，可完成约 4hm^2 制种的授粉作业。

四、农田信息采集

无人机(尤其是旋翼式无人机)以其能够具有垂直起降、定点悬停和中慢速巡航飞行等固定翼飞机不具有的飞行性能，特别适合田间作物信息获取所需的多重复、定点、多尺度、高分辨率的要求。无人机信息获取灵活方便，能消除卫星遥感受时间限制、分辨率不高的障碍，具有较高的效率，是了解作物长势、获取植物养分和病虫害信息的重要平台。

五、无人机飞播

无人机飞播是指利用无人机进行农林牧种子、化肥播撒以及渔业饲料投放，以达到提高生产效率、减轻人工劳动强度、减少生产成本的目的。目前，我国农业生产播种、施肥的方式主要还是依靠人工或者大型的地面播种机、撒肥机，有极少部分大农场实现了飞机播撒。而对于传统的播种机、撒肥机来说，播撒市场无疑是个红海市场，无人机播撒的速度、效率和精准是其最大的优势。目前市场上已经有多家企业发布了播撒系统，他们一致性地发力无人机播撒系统，这无疑也向市场传递了一个重要的信息，无人机飞播市场将会是农业领域下一个风口。相信在无人机播撒技术不断成熟和行业的共同推动下，飞播市场将会迅速进入发展的快车道，颠覆传统的播撒方式，让农业种植变得更高效。

第二节 植保无人机动力来源分类

一、油动无人机

油动无人机即动力来源于燃油动力，在我国生产油动无人机的企业较少，图 2.1 所示为国内某企业生产的油动直驱多旋翼飞行器，是专为农林植保设计的一款无人机。与电动植保机相比，油动直驱多旋翼无人机在载重能力、续航时间、作业效率上都有跨越式的突破。油动无人机的优点和缺点如表 2.1 所示。

图 2.1 大壮(DZ310)油动直驱多旋翼飞行器(源自辽宁壮龙无人机科技有限公司官网)

表 2.1　油动无人机的优点和缺点

优　点	缺　点
① 载荷大 ② 抗风能力强 ③ 续航能力强，作业面积大 ④ 水冷+风冷辅助散热系统 ⑤ 保障飞行器工作更长时间 ⑥ 稳定运行 ⑦ 单架次作业范围大	① 由于燃料是采用汽油和机油混合，不完全燃烧的废油会喷洒到农作物上，造成农作物污染 ② 售价高 ③ 整体维护较困难，因采用汽油机做动力 ④ 其故障率高于电机，且发动机磨损大 ⑤ 操作较难，不易上手，对飞行员的操作水平要求高 ⑥ 振动较大，产生的噪声大

二、电动无人机

如图 2.2 所示为电动无人机。顾名思义，电动无人机的动力来源于电的驱动。目前植保无人机市场上多数采用的是锂电池驱动的多旋翼无人机。表 2.2 所示为电动无人机的优缺点。

图 2.2　电动多旋翼飞行器

表 2.2　电动无人机的优点和缺点

优　点	缺　点
① 环保，无废气，不造成农田污染，抗风能力强 ② 飞机稳定性好，培训期短 ③ 易于操作和维护 ④ 维修费用低 ⑤ 售价低，普及化程度高 ⑥ 电机寿命较长 ⑦ 轻便灵活，场地适应能力较快	① 载荷小 ② 续航时间短 ③ 单架次作业范围小 ④ 抗风能力弱，振动较大，产生的噪声大

第三节　植保无人机平台构型分类

一、单旋翼无人机

单旋翼无人机主要靠一个或两个主旋翼提供升力，通过主旋翼切割空气产生推力，如只有一个主旋翼，还需要有尾翼来抵消主旋翼产生的自旋力以保证平衡。单旋翼适合应用于农药喷施、农田地理信息获取、撒播等。较高的载重能力、续航时间较长、单一风场，可以有效控制喷洒药剂的漂移问题，能吹动叶面，形成很好的药剂穿透力，不仅适用于小地块，也同样适用于大田区和果树区(图 2.3)。

图 2.3　单旋翼无人机(源自深圳高科新农技术有限公司官网)

二、多旋翼无人机

多旋翼无人机(图 2.4)以三个或者偶数个对称非共轴螺旋桨产生推力上升，以各个螺旋桨转速改变带来的飞行平面倾斜实现前进、后退、左右运动，以螺旋桨转速次序变化实现自转，垂直起飞降落，场地限制小，可以在空中稳定悬停。

图 2.4　多旋翼无人机

第三章

病虫害与农药基础知识

第一节 植物虫害

农作物病虫害是我国主要农业灾害之一，它具有种类多、影响大、时常爆发等特点，其发生的范围和严重程度对我国的农业生产造成重大的损失。据统计，我国农作物病虫害种类高达1600种，可以造成严重危害的有100多种，农田杂草类有580种，其中可以造成严重危害的有120多种，恶性杂草有15种。我国农作物常见的主要病虫害有稻飞虱、白粉病、玉米螟、棉铃虫、小麦锈病、棉蚜(图3.1)、稻纹枯病、稻瘟病、麦蚜、麦红蜘蛛、蝗虫(图3.2)、麦类赤霉病等。

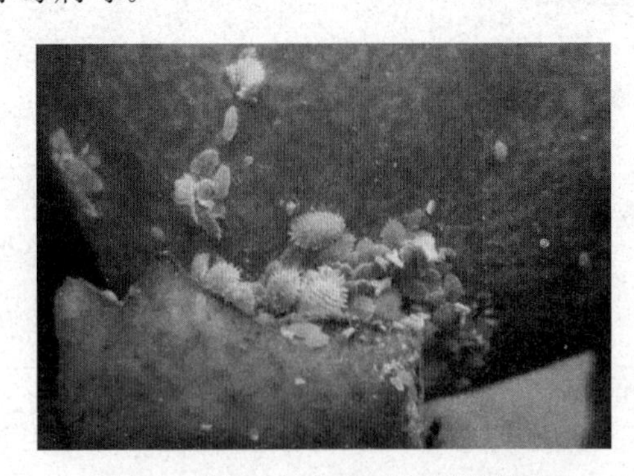

图3.1 蚜虫(源自中国害虫防治网)

图3.2 蝗虫(源自中国害虫防治网)

人们通常把危害各种植物的昆虫和螨类等称为害虫，把由它们引起的各种植物伤害称为虫害。

虫害的特点是危害速度快、损失程度重、防控难度大。农业害虫主要包括危害水稻、玉米、小麦、薯类、大豆、向日葵、蔬菜、果树等栽培植物的多种昆虫和螨类，昆虫种类繁多，是农作物遭受虫害中最多的种类。

昆虫的分类地位属于动物界，节肢动物门，昆虫纲，有33个目，其中，有9个目与农业密切相关。直翅目如蝗虫、蝼蛄；半翅目即蝽象类同翅目，包括蚜虫、叶蝉、飞虱等；缨翅目即蓟马类；鞘翅目即各种甲虫类；鳞翅目即蛾类、蝶类；膜翅目即蜂类、蚁类；双翅目即蚊、蝇、虻类；脉翅目如草蛉、蚁蛉等，脉翅目都是捕食或寄生蚜虫、螨虫、叶蝉、飞虱及其他小虫的益虫。此外，螨类属于动物界、节肢动物门下的蛛形纲、蜱螨目，也可危害多种植物，如红蜘蛛等。在害虫防治实践中，首先要正确识别益虫和害虫，才能够很好地利用益虫控制害虫。其次要掌握昆虫的一般形态特征及其生长发育规律，找到昆虫生活的弱点对其防治，才能达到事半功倍的效果。

第二节 植物病害

一、植物病害的概念

植物受不良环境重要条件和病源的不断刺激，其新陈代谢受到持续的干扰，在生理上和组织结构上产生一系列变化，因而在组织解剖上和外部形态上表现“反常”的状态(即病态)，并在经济上造成不同程度的损失，称为植物病害。植物病害的重要特点就是植物和病源相互作用的持续性，即有一个病理变化的过程；而伤害是特发的，没有一个持续变化的过程，不能称为病害。

病害可分为非侵染性病害和侵染性病害。非侵染性病害是不会传染的，病害的发生主要是两方面的因素；侵染性病害是可以传染的，主要是由其他生物寄主引起的，也可称为寄主性病害，引起该病害的生物称为病原物，主要有真菌细菌、病毒、类菌原体、线虫、寄生种子植物等。其中真菌引起的病害占整个植物病害的80%以上，而真菌中，半知菌这类高等真菌又占整个真菌病害的80%以上。

二、植物病害的症状类型

(1) 症状变色：植物感病后，局部或整株失去正常的绿色。常见的有褪绿和黄化、红叶、花叶和斑驳。

(2) 坏死：植物细胞和组织感病死亡，形成各样的病斑，是局部的。常见的有叶斑和叶枯、疮痂和溃疡、立枯和猝倒。

(3) 腐烂：植物组织细胞受到病原物的破坏和分解而成，植物任何部分都可能发生。常见的有软腐和干腐、流胶和流汁。

腐烂和坏死的区别为：腐烂是整个组织和细胞受到破坏和消解；坏死则多少还保持原有组织和细胞轮廓，萎蔫植物的叶片因缺水会出现下垂的现象。

畸形常见的有簇生和丛生、矮缩和皱缩、卷叶和缩叶、瘤肿和徒长、叶变(叶变是指植物花器各部分转化为绿色叶状结构的症状)。

病征是生长在植物病部的病原体特征。由于病原物不同，病征或大或小、显著或不显著,具有各种形状、颜色和特征。并不是所有的植物病害都有病征表现,只有一部分病原物引起的病害才具有病征。习惯上,也用一些病征来命名病害,如白锈病、白粉病、黑粉病、霜霉病、灰霉病、菌核病等。

粉状物：直接作用于植物表面、表皮下或组织中,随后破裂散出,包括叶锈等(图 3.3)、白粉(图 3.4)、黑粉和白锈。

霉状物：是植物真菌性病害常见的病征(图 3.5),由各种真菌的菌丝、孢子梗及孢子所构成;霉层的颜色、形状、结构、疏密等特点的差异,标志着病原真菌种类的不同。

图 3.3 小麦叶锈病(源自中国农业病虫害网)

图 3.4 黄瓜白粉病(源自中国农业病虫害网)

图 3.5 番茄灰霉病(源自中国农业病虫害网)

点状物是很多病原真菌繁殖器官的表现,呈褐色或黑色,不同病害粒点病征的形状、大小、突出表面的程度、密集或分散、数量的多寡都是不尽相同的。点状物为真菌子囊壳、分生孢子器和孢子盘等形成的特征(图 3.6)。

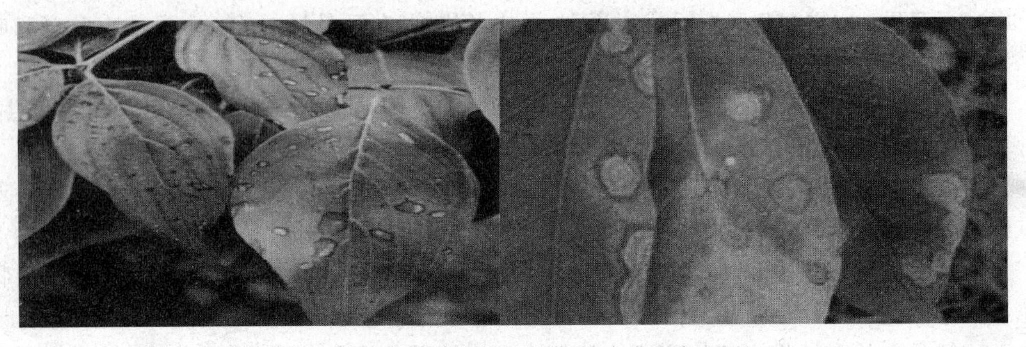

图 3.6 点状物植物病征表现(源自中国农业网)

丝状物：病原真菌在病部表面产生白色或紫红色丝绵状物，此为真菌的菌丝体或菌丝体与繁殖体的混合物。常见的有白色，如花生白绢病(图 3.7)；有的在根颈部形成紫红色丝状物，如茶紫纹羽病。

脓状物：细菌病害特有的病征。如十字花科蔬菜软腐病、水稻白叶枯病等(图 3.8)。

图 3.7　花生白绢病(源自中国农业网)

图 3.8　水稻白叶枯病(源自第一农经网)

伞状物、马蹄状物：伞状物、马蹄状物是病原真菌在病部产生的结构较大的子实体，形状似伞状或马蹄状。

三、植物病原真菌

植物侵染性病害是由病原生物引起的，这些病原生物主要包括真菌、原核生物、线虫、病毒、寄生性种子植物、藻类、原生动物等。

(一) 植物病原真菌分类

在真菌分类中，很多学者认为真菌是属于菌物界真菌门，真菌门分为鞭毛菌亚门、接合菌亚门、子囊菌亚门、担子菌亚门和半知菌亚门五个亚门(表 3.1)。较通俗的说法可以认为，鞭毛菌亚门属低等真菌，半知菌亚门、担子菌亚门属高等真菌。

表 3.1　植物病原真菌分类

真菌门	营养体	无性孢子	有性孢子	传播方式
鞭毛菌亚门	没有隔膜的菌丝体	游动孢子	卵孢子	以水传播
接合菌亚门	没有隔膜的菌丝体	孢囊孢子	接合孢子	以气流传播
子囊菌亚门	有隔膜的菌丝体	分生孢子	子囊孢子	以气流传播
担子菌亚门	有隔膜的菌丝体	没有无性阶段	担孢子	以气流传播
半知菌亚门	有隔膜的菌丝体	分生孢子	没有有性阶段	以气流传播

(二) 植物病原原核生物

植物病原原核生物主要包括植物病原细菌、类菌原质体和放线菌。细菌主要通过雨水和流水传播，通过伤口和自然孔口侵入。细菌病害的特征：初期有水渍状或油渍状边缘，半透明，病斑上有菌脓外溢，斑点、腐烂、萎蔫、肿瘤大多数是细菌病害的特征，部分真菌也引起萎蔫与肿瘤。常见的病害有水稻的白叶枯病和条斑病、马铃薯的环腐病、茄科和其他作物的青枯病、十字花科蔬菜及棉花的角斑病和柑橘的疮痂病等。玉米的细菌性枯萎病和梨火疫病常造成世界性危害。

病毒是仅次于真菌的重要病原物。大田作物和果树、蔬菜都有几种或几十种病毒病，有的危害性很大。生产上突出的有禾谷类和十字花科等病毒病，以及柑橘的病毒病等。病毒病的症状以花叶、矮缩、坏死为多见。

线虫又称蠕虫，线虫为无色、淡黄色或乳白透明线状体。其病状为受害植物根部形成许多圆形瘤状物（虫瘿），表面粗糙，造成叶片畸形、枝条扭曲、植株矮化等。

寄生性种子植物和附生植物常见的寄生性种子植物如菟丝子、桑寄生等。

四、植物病害的诊断与防治

（一）各类病害诊断方法

（1）非侵染性病害的诊断。如果病害在田间大面积同时发生，没有逐步传染扩散的现象，而且从发病植物上看不到任何病征，也分离不到病原物，则大体上可考虑为非侵染性病害。

（2）真菌病害的诊断。真菌病害的主要病状是坏死、腐烂和萎蔫，少数为畸形；在发病部位常产生霉状物、粉状物、锈状物、粒状物等病征。可根据病状特点，结合病征的出现，用放大镜观察病部病征类型，确定真菌病害的种类。

（3）细菌病害的诊断。细菌所致的植物病害症状主要有斑点、溃疡、萎蔫、腐烂及畸形等。菌脓是细菌病害区别于其他病害的主要特征。腐烂型细菌病害的重要特点是腐烂的组织黏滑且有臭味。切片检查有无喷菌现象是诊断细菌病害简单而可靠的方法。

（4）病毒病害的诊断。植物病毒病有病状没有病征。病状多表现为花叶、黄化、矮缩、丛枝等，少数为坏死斑点。病毒病征状有时易与非侵染性病害混淆，诊断时要仔细观察和调查，注意病害在田间的分布，综合分析气候、土壤、栽培管理等与发病的关系，以及病害扩展与传毒昆虫的关系等。

（5）线虫病害的诊断。线虫多数引起植物地下部分发病，病害是缓慢的衰退症状，很少有急性发病。通常表现为植株矮小、叶片黄化、茎叶畸形、叶尖干枯、须根丛生以及形成虫瘿、肿瘤、根结等。

（二）植物病害的防治

植物病害的防治措施主要有植物检疫、抗病育种、农业防治、化学防治、物理防治和生物防治六种。这六种防治方法各有其利弊。

（1）农业防治。优点是无污染且易操作；缺点是对于控制病害的作用有限。

（2）选育和利用抗病品种。优点是种植经济而有效且无污染；缺点是一般选育抗病品种时间比较长，投入的人力、物力较大。

（3）物理防治。优点是安全、环保；缺点是只能限于特定某种病害且需要一定的设施等。

（4）化学防治。优点是具有快速高效、防治效果好、使用方法简单、不受地域限制、受季节限制小、便于大面积机械化操作，适合于大面积使用，能起到比较好的防病和控病作用。缺点是污染环境，破坏生态平衡；产生抗药性后农药残留，病虫再猖獗；对人畜、环境等的副作用较大。克服途径：交替使用农药，减少施药次数，掌握有效用量，混合使用农药以减少抗药性。

植物病害的防治原则：消灭病原物或抑制其发生与蔓延；提高寄生植物的抗病能力；

控制或改造环境条件，使之有利于寄主植物而不利于病原物，从而抑制病害的发生和发展。一般以预防为主，因时因地根据作物病害的发生、发展规律，采取具体的综合治理措施。每项措施要充分发挥农业生态体系中的有利因素，避免不利因素，特别是避免造成公害和人畜中毒，使病害降低到经济允许水平之下，以求达到最大的经济效益。

第三节 农药基本知识与分类

广义上的农药是指用于预防、消灭或者控制危害农业、林业的病、虫、草和其他有害生物以及有目的地调节、控制、影响植物和有害生物代谢、生长、发育、繁殖过程的化学合成或者来源于生物、其他天然产物及应用生物技术产生的一种物质或者几种物质的混合物及其制剂。狭义上，农药是指在农业生产中，为保障、促进植物和农作物的成长，所施用的杀虫、杀菌、杀灭有害动物（或杂草）的一类药物统称，特指在农业上用于防治病虫以及调节植物生长、除草等药剂。

一、农药的分类

（一）根据防治对象分类

农药根据防治对象不同可分为杀虫剂、杀菌剂、杀螨剂、杀线虫剂、杀鼠剂、除草剂、脱叶剂、植物生长调节剂等。

（二）根据加工剂类型分类

农药根据加工剂类型不同可分为可湿性粉剂、可溶性粉剂、乳剂、乳油、浓乳剂、乳膏、糊剂、胶体剂、熏烟剂、熏蒸剂、烟雾剂、油剂、颗粒剂、微粒剂等。

（三）根据化学成分分类

1. 无机农药

无机农药是从天然矿物中获得的农药。无机农药来自于自然，环境可溶性好，一般对人毒性较低，是目前大力提倡使用的农药；可在生产无公害食品、绿色食品、有机食品中使用；无机农药包括无机杀虫剂、无机杀菌剂、无机除草剂，如石硫合剂、硫黄粉、波尔多液等。无机农药一般分子量较小，稳定性较差，多数不宜与其他农药混用。

2. 生物农药

生物农药是指利用生物或其代谢产物防治病虫害的产品。生物农药有很强的专一性，一般只针对某一种或者某类病虫发挥作用，对人无毒或毒性很小，也是目前大力提倡和推广的农药；可在生产无公害食品、绿色食品、有机食品中使用；生物农药包括真菌、细菌、病毒、线虫等以及代谢产物，如苏云金杆菌、白僵菌、昆虫核型多角体病毒、阿维菌素等。生物农药在使用时，活菌农药不宜和杀菌剂以及含重金属的农药混用，尽量避免在阳光强烈时喷用。

二、杀虫剂

（一）杀虫剂分类以及作用方式

（1）胃毒剂。药液沉积到作物表面，通过害虫口器摄入体内，经过消化系统吸收并发挥作用，引起害虫死亡的药剂称为胃毒作用。胃毒剂主要用于防治具有咀嚼式口器的害虫。

(2) 内吸剂。药剂经过植物根、茎、叶不同位置吸收后传导到作物的各个部位，或者由于种子包衣而吸收到植物体内并在植物体内存储一定时间而不被降解，同时不妨碍植物的正常生长。

(3) 熏蒸剂。具有较强气化能力的杀虫剂在施用后呈气态或者气溶胶状态通过昆虫气门进入昆虫体内，引起昆虫中毒的药剂称为熏蒸剂。

(4) 其他类型杀虫剂。拒食剂能使昆虫产生拒食反应的药剂，如拒食胺、印楝素等。不育剂能破坏生物的生殖能力，使害虫失去繁殖能力，如喜树碱、六磷胺等。

(5) 驱避剂。能使害虫远离药剂所在地，达到趋避作用，如樟脑、驱蚊油等。这些药剂本身并无多大杀虫毒性，而是可以作用于特定的昆虫，起到防治作用。

一种杀虫剂往往具有多种作用，如吡虫啉兼具内吸、触杀和胃毒作用。在喷雾使用中，药剂往往以发挥触杀作用为主。农用无人机在喷洒具有触杀以及胃毒作用的药剂时，应当保证药剂的均匀性，这样可以增加害虫捕获药剂的概率，提高防治效果。

(二) 常用杀虫剂简介

(1) 有机磷杀虫剂。有机磷杀虫剂是一类最常用的农用杀虫剂(图 3.9)。多数属高毒或中等毒类，少数为低毒类。主要以触杀、胃毒、熏蒸作用为主，少数具有内吸作用。代表产品有辛硫磷、敌百虫、敌敌畏、马拉硫磷、毒死蜱、二嗪磷、氧乐果等。

图 3.9 有机磷杀虫剂——灭多威
(源自中国农药网)

(2) 氨基甲酸酯类杀虫剂。氨基甲酸酯类杀虫剂是一类广谱、低毒、高效的优良杀虫剂。人工合成了多个品种氨基甲酸酯类杀虫剂，同时由于原料易得、合成简单，已成为重要的农用杀虫剂，商品化的品种有 60 余种，大多数品种对高等动物毒性低，但少数品种为剧毒，如克百威。氨基甲酸酯类杀虫剂主要以触杀、胃毒作用为主，部分具有内吸、熏蒸作用。代表产品有仲丁威、硫双灭多威、甲萘威、抗蚜威、异丙威、丁硫克百威、克百威、涕灭威等。

(3) 拟除虫菊酯类杀虫剂。拟除虫菊酯类杀虫剂是一类根据天然除虫菊素化学结构而仿生合成的杀虫剂。由于它杀虫活性高、击倒作用强、对高等动物低毒及在环境中易生物降解的特点，已经发展成为 20 世纪 70 年代以来有机化学合成农药中一类极为重要的杀虫剂。该类杀虫剂对高等动物毒性低，但大多数品种对蜜蜂、鱼类及天敌昆虫毒性高。以触杀和胃毒发挥作用，不具有内吸性，为负温度系数药剂。代表产品有氯氰菊酯、顺式氯氰菊酯、高效氯氰菊酯、氯氟氰菊酯、甲氰菊酯、联苯菊酯等。

三、杀菌剂

用于防治病原微生物引起的植物病害的药剂称为杀菌剂。

(一) 杀菌剂分类及作用方式

杀菌剂按照化学组成分类，可以分为无机杀菌剂、有机杀菌剂；按照作用方式分类，可分为保护性杀菌剂、内吸性杀菌剂。

(1) 保护性杀菌剂是指在植物染病以前施药，通过抑制病原孢子萌发或杀死萌发的病原孢子，保护植物免受病原物侵染。一般来说，保护性杀菌剂只能防治植物表面的病害，在病害流行前(即当病原菌接触寄主或侵入寄主之前)保护植物不受侵染。

(2) 内吸性杀菌剂能被植物的叶、茎、根、种子吸收进入植物体内，经植物体液输导、扩散、存留或产生代谢物，可防治一些深入植物体内或种子胚乳内的病害，以保护作物不受病原物的侵染或对已染病的植物进行治疗，因此具有治疗和保护作用。

(二) 常用杀菌剂

(1) 无机杀菌剂。无机杀菌剂主要包括含铜杀菌剂、无机硫杀菌剂及无机汞杀菌剂(图 3.10)。无机杀菌剂是近代植物病害化学防治中广泛使用的一类杀菌剂。无机杀菌剂属于保护性杀菌剂，原料易得、成本低廉，对于已侵染的病菌无防治作用，低毒、安全，杀菌广谱，对真菌和细菌均有效，环境安全，无抗药性，但是滥用、乱用也会造成植物药害、害螨猖獗、土壤污染等问题。代表产品有波尔多液、石硫合剂等。

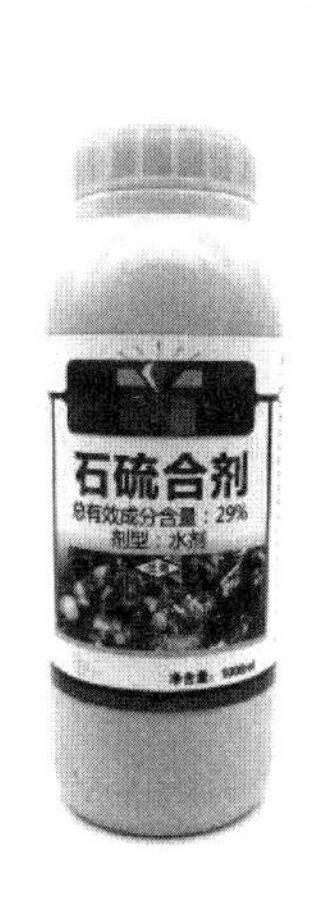

图 3.10 无机杀菌剂(源自中国农药网)

波尔多液是一种保护性强的杀菌剂，有效成分是碱式硫酸铜，杀菌谱广，持效期长，病菌不会产生抗性，对人和畜低毒，是应用历史最长的一种杀菌剂。

(2) 有机硫杀菌剂。有机硫杀菌剂是杀菌剂发展史上应用最早、最广泛的一类有机化合物，是一种高效、广谱、低毒、价格便宜的保护性杀菌剂，同时具有药害风险小、不易引发抗药性等特点，常与内吸性药剂混配使用，其比较重要的品种为代森系列及福美系列。

(3) 有机磷杀菌剂。有机磷杀菌剂主要品种有稻瘟净和异稻瘟净、三乙膦酸铝等。稻瘟净和异稻瘟净主要用于防治水稻稻瘟病，具有保护作用和一定的治疗作用，还能兼治其他一些病害及叶蝉、飞虱等害虫。稻瘟净具内渗作用，异稻瘟净具内吸作用。该类的三乙膦酸铝经植物叶片或根部吸收后，具有向顶性与向基性双向内吸输导作用，更兼具保护与治疗作用，可采用多种方法施药，防治多种植物的霜霉病等病害。

(4) 三唑类杀菌剂。三唑类杀菌剂是 20 世纪 70 年代问世的一类高效杀菌剂。低毒，对鱼类、鸟类安全，对蜜蜂和天敌无害。内吸性杀菌剂，具有内吸治疗以及保护作用。代表产品有三唑酮、戊唑醇、苯醚甲环唑等。

三唑类杀菌的共有特点为高效、广谱、持效期长、内吸输导性好、吸收速度快且具有多种防病作用和生长调节作用等。

(5) 苯并咪唑类杀菌剂。苯醚甲环唑是一类含有苯并咪唑分子结构的高效、广谱内吸性低毒杀菌剂。其作用方式包括保护、治疗、铲除、渗透作用,典型特点是具有内吸活性,能够被植物体吸收传导,防治已经侵染的病害。此类杀菌剂适用于多种经济植物、禾谷类、果树、蔬菜等,可防治多种重要病害,所以用途很广。代表产品有嘧菌酯、醚菌酯、吡唑醚菌酯、苯醚菌酯、啶氧菌酯、烯肟菌酯、肟菌酯等。

(6) 苯基酰胺类杀菌剂。苯基酰胺类杀菌剂是具有保护、治疗及铲除性作用的一类低毒杀菌剂,其选择性强,对卵菌可高效杀灭,对这类病菌所导致的霜霉病、腐霉病及疫霉病有特效。对其他类真菌的活性很低或无效。苯基酰胺类杀菌剂的作用方式以保护为主,部分具有内吸治疗作用,同时渗透性强,在植物体内有向顶性、向基性内吸传导,包括横向传导。使用单剂叶面喷药时最易产生抗性,连续使用两年,即可导致药效突然减退,甚至无效。代表产品包括甲霜灵、高效甲霜灵、嘎霜灵、萎锈灵、苯霜灵、噻呋酰胺、氟酰胺等。

(7) 氨基甲酸酯类杀菌剂。氨基甲酸酯类是一类内吸性低毒杀菌剂。其主要用来防治卵菌病害,能抑制卵菌类的孢子萌发、孢子囊形成、菌丝生长,对霜霉菌、腐霉菌、疫霉菌引起的土传病害和叶部病害均有好的杀灭效果,适用于土壤处理,也可以种子处理或叶面喷雾,在土壤中持效期可达 20 天,对作物还有刺激生长作用。代表产品有霜霉威及其盐酸盐、乙霉威。

四、除草剂

凡能防除林地、果园或苗圃中有害植物的药剂统称为除草剂,又称除莠剂,用以消灭抑制植物生长的一类物质。

(一) 除草剂的分类

除草剂可按作用方式、施药部位、化合物来源等多方面分类。

1. 根据作用方式分类

(1) 选择性除草剂。除草剂对不同种类的苗木,抗性程度不同,此药剂可以杀死杂草,而对苗木无害,如盖草能、氟乐灵、扑草净、西玛津、果尔除草剂等。

(2) 灭生性除草剂。除草剂对所有植物都有毒性,只要接触绿色部分,不分苗木和杂草,都会受害或被杀死,主要在播种前、播种后出苗前、苗圃主副道上使用,如草甘膦等。

2. 根据施药时间分类

除草剂可分为播种前处理剂、播后苗前处理剂、苗后处理剂。播种前处理剂是指在育苗播种前对土壤进行封闭处理,这种处理的除草剂叫土壤处理剂,如乙氧氟草醚、扑草净、莠去净、氟乐灵、西玛津等。

播后出苗前处理剂在种子播种后出苗前进行土壤处理,播前和播后的苗前处理一般为土壤处理剂(图 3.11)。

苗后处理剂是指在有害植物出苗后,把除草剂直接喷洒到有害植物的茎叶上,此时作物已出土,所以使用的除草剂必须是对作物安全的选择性除草剂,如高效氟吡甲禾灵、精禾草

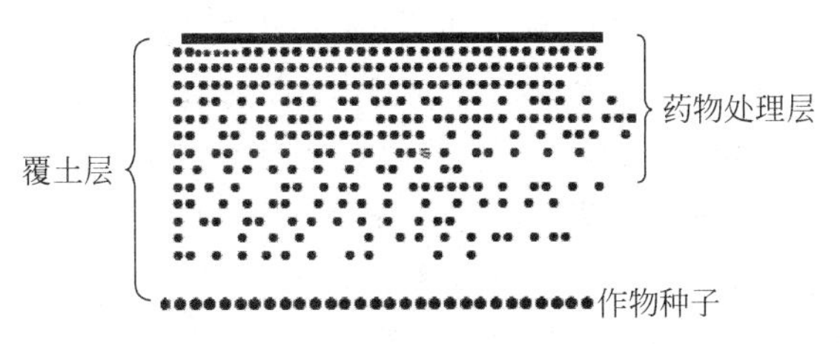

图 3.11　播后苗前土壤处理法除草示意图

克等，苗后处理剂多为茎叶处理剂。

3. 根据施药对象分类

根据施药对象分类，除草剂可分为土壤处理剂和茎叶处理剂。

(1) 土壤处理剂是施用于土壤，对杂草起封杀作用的药剂。根据处理时期的不同，土壤处理剂又可划分为播前土壤处理、播后苗前土壤处理与苗后土壤处理。此类除草剂常见的如除草醚、敌草隆、西玛津与杀草胺等。

(2) 茎叶处理剂是指在杂草出苗后直接喷于杂草茎叶与芽之上并被其吸收而起作用的除草剂。茎叶处理型除草剂使用后的药效与药剂在杂草上的沉积量药剂能够被杂草吸收的量有密切关系。根据农业作业的时期不同，可以将茎叶处理分为播前茎叶处理以及生育期茎叶处理。此类除草剂如敌稗、2.4-滴、苯达松及麦草畏等。

上述分类方法基于标准的不同，同一种除草剂可能属于不同类型。例如，2.4-滴是选择性除草剂，也是输导性除草剂；草甘膦是灭生性除草剂，也是茎叶处理剂或输导性除草剂。

（二）除草剂的作用机理

除草剂杀死有害植物的原因很多，不同的除草剂有不同的作用机制，同一种除草剂也可能有几种作用机制。目前已知的除草剂作用机制包括抑制植物的光合作用、呼吸作用生物合成，以及干扰植物激素平衡、破坏微管功能和组织发育等。

1. 除草剂的选择性机理

除草剂只杀杂草不伤作物或者只杀某种或某几种杂草而不伤害其他杂草和作物的特性，叫除草剂的选择性。除草剂的选择性是相对的、有条件的，而不是绝对的。

(1) 时差位差选择性。利用除草剂在土壤中的部位和植物生育时间的差异，使除草剂只接触草而不接触作物，从而安全、有效地防除田间杂草。

(2) 形态选择。植物由于形态的差异，即生长点位置、叶片形状、表皮结构、叶片直立程度等的差异导致对药剂附着或吸收量的不同，从而产生的选择性称为形态选择性。

(3) 生理选择。由于植物茎、叶、芽或根系对药剂吸收和传导差异产生的选择性称为生理选择。

(4) 生化选择性。除草剂在不同植物体内发生的生化反应不同，或被活化使除草剂活性增加，或被降解使除草剂失去活性，因而造成，除草剂对不同植物有明显的选择性。

2. 影响除草剂药效的因素

(1) 草相及叶龄。除草剂的药效与杂草的种类、叶龄及株高密切相关。

(2) 土壤条件。土壤有机质含量、质地、pH 值、墒情（土壤湿度情况）、微生物等对除草剂的药效均有明显影响，尤其对土壤处理剂影响更加突出。

(3) 气象条件。气象因素（温度、湿度、光照、降雨、风速等）主要通过影响除草剂雾滴的分布、雾滴滞留时间、吸收速度及利用率，而影响除草剂的药效。

(4) 施药方法及技术水平。因除草剂的剂型(乳油、水剂、可湿性粉剂、悬浮剂、颗粒剂、可溶性粉剂、水分散粒剂等)不同，要求采用施药的方法也不同。

3. 常见除草剂简介(根据化学结构进行分类)

(1) 苯氧羧酸类除草剂。该除草剂主要针对阔叶杂草有效，适用于禾谷类作物茎叶处理，如小麦和玉米田防除一年生和多年生阔叶杂草及莎草，具有较强的选择性。其属于激素类除草剂，低浓度时促进植物生长，高浓度时抑制植物生长，更高浓度时具有毒杀作用，对植物体内的几乎所有生理、生化功能产生广泛的影响。代表产品有2.4-滴、2.4-滴丁酯(图3.12)、二甲四氯钠盐、禾草灵、高效氟吡禾草灵、精吡氟禾草灵、精恶唑禾草灵(图3.13)等。

图3.12　2.4-滴丁酯(源自中国农药网)

图3.13　精恶唑禾草灵(源自中国农药网)

(2) 芳氧基苯氧基丙酸酯类除草剂。本类除草剂是20世纪70年代开发出的一类防除禾本科杂草的新型除草剂，此类除草剂选择性强，不仅在阔叶与禾本科植物间具有良好的选择性，在禾本科植物内也有良好的属间选择性，因而也可用于麦田除草。使用时不能与激素型苯氧乙酸类除草剂2.4-滴丁酯、二甲四氯钠盐等混用或连用。代表产品有禾草灵、毗氟禾草灵、吡氟乙草灵、喹禾灵、嚼唑禾草灵等。

(3) 磺酰脲类除草剂。磺酰脲类除草剂产品标志除草剂进入“超高效”时代。目前是除草剂领域开发最活跃的领域。杀草广谱，所有品种都能有效地防除绝大多数阔叶杂草，并兼除一部分禾本科杂草，特别是对难以防治的苦荞麦、麦家公、雀麦等也有较好的防治效果。连年使用的情况下，杂草容易产生抗药性与交互抗性。代表产品有氯磺隆、苯磺隆、苄嘧磺隆、烟嘧磺隆、甲磺隆、氯嘧磺隆、吡嘧磺隆、噻吩磺隆、醚磺隆。

(4) 均三氮苯类除草剂。其为现代除草剂中最重要的一类，其中莠去津的年产量曾居除草剂之冠。莠去津和西玛津的选择性强，水溶度低，易被土壤胶体吸附，在土壤中稳定，残效期长达1年左右。玉米有高度耐药性，草净津对玉米有高度选择性，持效期为2～3个月，克服了莠去津和西玛津残效期长、影响后造成作物生长的缺点；赛克津是大豆、番茄、马铃薯、甘蔗田的优良除草剂，除草活性高，用药量少；威尔柏是优良的林业除草剂，用于常绿针叶林的幼林抚育，杀草广谱，不但能防治杂草，而且能灭阔叶树木等。三氮苯类除草剂的所有品种都是土壤处理剂，土壤的理化特性对除草效果影响很大，主要用于防除一年生及种子繁殖的多年生杂草，其中对双子叶杂草的防效优于单子叶杂草。长期使用均三氮苯类除草剂易产生抗药性。代表产品有莠去津、西玛津、扑草净、西草净。

(5) 取代脲类除草剂。自 1951 年发现灭草隆的除草作用后，这类除草剂就迅速发展起来，商品化品种达 20 余种，成为除草剂中品种多、使用广泛的重要一类，防治杂草幼苗，芽前土壤处理最重要。

第四节　农药剂型的认识

农药原料合成的液体产物为原油，固体产物为原粉，两者统称原药。一种农药剂型为适应不同防治对象、使用方法、生产厂家技术条件等的需求，可以制成有效成分含量不同、用途不一的产品，称为农药制剂。

一、主要农药剂型

(1) 乳油(EC)。这是农药最基本剂型之一，是由农药原药、乳化剂、溶剂等配制而成的液态农药剂型。乳油具有药效高、施用方便、性质稳定、加工容易等优点。药剂喷施后能均匀附着在植株表面形成一层薄膜，且不易被雨水淋洗，药效期也较长，能充分发挥药剂的作用。同时，药剂易渗入或被渗透到有害物体内或作物内部，大大增加了药剂的毒杀作用(图 3.14)。

图 3.14　乳油(源自中国农药网)

(2) 可湿性粉剂(WP)。它主要由原药、填料和润湿剂等组成。可湿性粉剂附着性强，飘移少，对环境污染轻；不使用溶剂和乳化剂，对植物较安全，不易产生药害，对环境安全，同时便于储存、运输；生产成本低，可用纸袋或塑料袋包装，储运方便、安全，包装材料比较容易处理，生产技术、设备配套成熟(图 3.15)。

(3) 水分散粒剂(WG)。也称为干悬浮剂，为在水中崩解和分散后使用的颗粒剂。水分散粒剂主要由农药有效成分、分散剂、润湿剂、黏结剂、崩解剂和填料组成，入水后能迅速崩解、分散，形成高悬浮分散体系。水分散粒剂具有可湿性粉和悬浮性、分散性、稳定性好的特点。

(4) 悬浮剂。它是基本加工剂型之一。农药水基性悬浮剂是一种发展中的环境相容性好的农药新剂型，是由不溶于水的固体或液体原药、多种助剂和水经湿法研磨粉碎形成的多组分非均相分散体系，分散颗粒平均粒径一般为 2～3μm。悬浮剂由于其分散介质是水，所以悬浮剂具有成本低，生产、储运和使用安全等特点；可以与水以任意比例混合，不受水质、水温影响，使用方便；与以有机溶剂为介质的农药剂型相比，具有对环境影响小和药害轻等优点。

(5) 微乳剂(ME)。它是由水和与水不相溶的农药液体在表面活性剂和助表面活性剂的作用下形成各向同性的、热力学稳定的、外观透明或半透明的、单相流动的分散体系。微

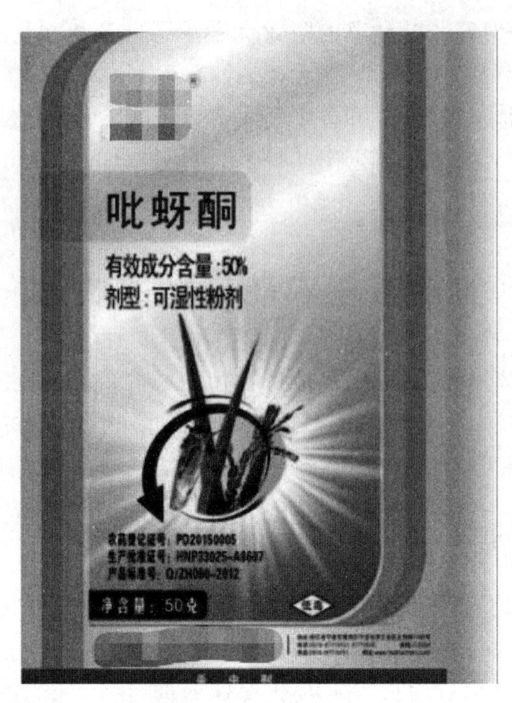

图 3.15 可湿性粉剂(源自中国农业信息网)

乳剂以水为主要基质。微乳剂由于体系中有大量水的存在,有时产品在储存过程中会变浑浊或发生分层。有些产品使用了大量的增溶剂和乳化剂,对环境可能有潜在的影响。

(6) 水乳剂——农药水乳剂(EW)。也称为浓乳剂,是近年来发展较快的一种水基型农药制剂。它是将不溶于水的液态原药或固态原药溶于有机溶剂再分散于水中形成的一种农药制剂,借助合适的表面活性剂将其分散于水中,并根据需要添加适当量的稳定剂、防冻剂、增稠剂、pH 值调节剂、密度调节剂、消泡剂等调制而成的一种外观不透明的乳状液,油珠粒径通常为 0.7～20μm。水乳剂以廉价的水为基质,提高了对生产储运和使用者的安全性,对环境的污染比乳油小,避免使用有机溶剂带来的副作用。水乳剂效果近似或等同于乳油,而持效期比乳油长,黏结性和耐雨水冲刷的能力比乳油更强。另外,此制剂还具有生产工艺简便、高效、成本低、环境兼容性好等诸多优点。

(7) 水剂和可溶性液剂。水剂是农药原药的水溶液剂型,是有效成分以分子或离子状态分散在水中的真溶液制剂。对原药的要求是在水中有较大溶解度,且稳定,如杀虫双。可溶性液剂(SL)由原药、溶剂、表面活性剂和防冻剂组成的均相透明液体制剂,用水稀释后有效成分形成真溶液。水剂和可溶性液剂具有加工方便、成本低廉等优点,同时由于制剂中无乳化剂,故在作物表面的黏附性能相对较差,药效不及乳油,在水中不稳定,长期储存易分解失效。

(8) 超低容量喷雾剂。这是一种油状剂,又称为油剂。它是由农药和溶剂混合加工而成,有的还加入少量助溶剂、稳定剂等。这种制剂专供超低量喷雾机使用或飞机超低容量喷雾,不需稀释而直接喷洒。因此,加工该种制剂的农药必须高效、低毒,要求溶剂挥发性低、密度较大、闪点高、对作物安全等。目前,该剂型越来越受到人们的重视。超低容量制剂具有喷量少、工效高、浓度高、油质载体、使用量少、应用迅速、使用时不需加水或加水量极少等优点。超低容量喷雾在单位面积上喷施的药液量通常为 900～4950mL/hm^2,仅为常规喷雾数的百分之一。一般采用飘移累积性喷雾，比常规针对性喷雾的工作效率高几十倍。药液浓度通常为25%～50%（少数高效农药，如拟除虫菊酯类农药除外），比常规喷雾的药液浓度（0.1%～0.2%）高数百倍。药液主要采用高沸点的油质载体，挥发性低，利用小雾滴的沉积，耐雨水冲刷、持效期长、药效高，而常规喷雾主要采用水做载体。该剂喷出雾粒细、浓度高、单位受药面积上附着量多；雾滴细、超低容量喷雾的雾滴直径在70～100μm范围内，比常规喷雾的雾滴直径（200～300μm）细。超低容量喷雾剂也具有高毒、飘移易带来危害、需要使用特殊设备、可能腐蚀金属或塑料容器等、受风力影响较大、防治范围窄、对操作者技术要求较高等缺点。超低容量喷雾剂按使用方法可分为地面超低容量喷雾剂和空中超低容量喷雾剂，按制剂组成成分可分为超低容量喷雾油剂、静电超低容量油剂和油悬剂。其中，应用最多的是超低容量喷雾油剂。作为一种较为独特的制剂形式，超低容量喷雾剂对原药、溶剂都有较高的要求。

二、飞防助剂

飞防专用制剂与助剂，在农药的剂型分类中并无飞防制剂这一类制剂（图3.16），但随着国内航空植保的快速发展，常规的制剂类型很难满足市场的需求，而国内的超低量制剂的登记以及使用都尚处于起步阶段，国内有些厂家开始推广一些较为适合飞防作业的常规制剂，并命名为飞防助剂。

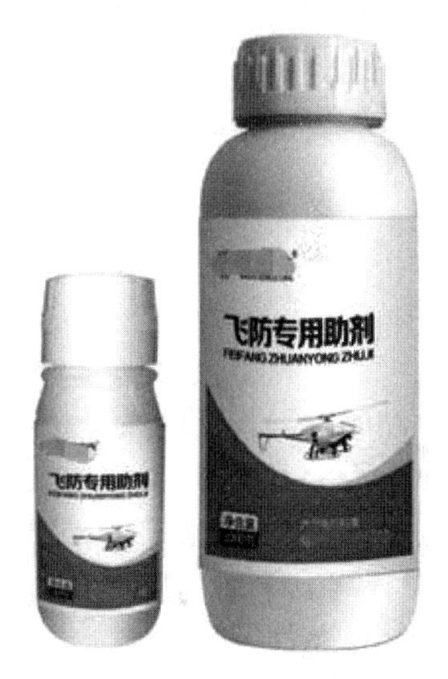

图3.16　飞防专用助剂（源自标普农业网）

一般来说，常规农药制剂仅适用于大水量常规喷洒设备，每亩地需用水30～50kg稀释3000～5000倍才能分散均匀。飞防专用制剂应用于低容量或超低容量施药，每亩地仅用水500～1000mL，稀释倍数仅为30～50倍，同时，其还需要适应植保无人机喷洒的实际情况：低容量或超低容量喷雾、药液高浓度、喷洒雾滴细等，一般的农药制剂很难满足（表3.2）。

表3.2　常规农药与飞防专用药剂对比

常规农药制剂	飞防专用药剂
用于大水量常规喷洒设备	用于低容量或超低容量施药
每亩地需用水30～50kg	每亩地用水500～1000mL
稀释倍数3000～5000倍	稀释倍数30～50倍
需满足分散性、润湿性、悬浮率等要求	需满足沉降性、抗飘移性、高黏附性等要求

普通农药制剂通常含有增稠剂，黏度较大，直接将多种药剂同混容易出现沉淀、结晶、絮凝等不良情况，药效难以得到保证，而飞防专用药剂选取特殊助剂体系，黏度小，流动性好，多种制剂产品混在一起仅有微量沉淀出现。

飞防专用药剂作为高浓度药剂体系，对于有效成分应当满足以下条件：首先要求农药成分具有活性高、每亩用量少、具有内吸传导性、对作物安全等特点，同时遵循增效、毒性、药害、抗性、酸碱反应和广谱等基本原则。在药剂组合选择上，应根据有效成分本身特性，结合作物病虫害发生规律，重点关注有效成分的持效期，混用后不应对农作物产生不良影响，避免药害的产生，同时避免有效成分间的负交互抗性。

除飞防制剂外，由于近年来针对飞防的喷雾助剂具有较高的市场需求，飞防专用助剂的添加也是影响防治效果的关键因素之一，其主要起着抗蒸发、抗飘移、促沉降、促附着和促吸收等功效(图 3.17)。

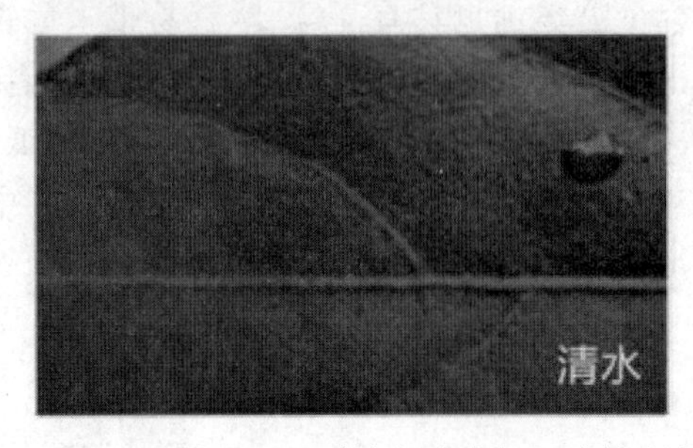

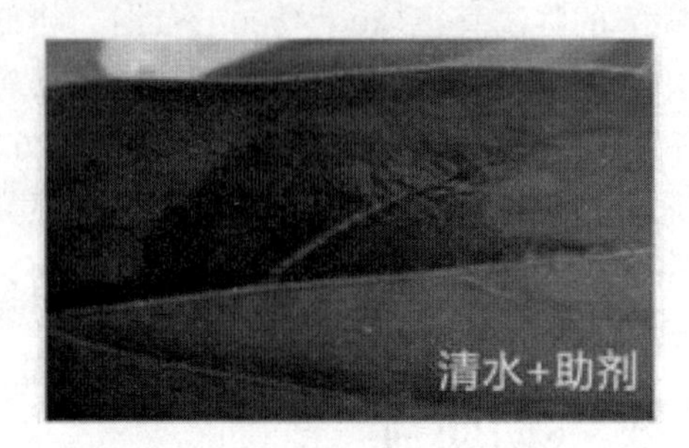

图 3.17 清水与清水加入助剂后渗透扩展能力对比(源自标普农业网)

(1) 抗蒸发：延长雾滴干燥时间。

(2) 抗飘移：调节雾滴谱，减少小雾滴的形成。

(3) 促沉降：抑制雾滴蒸发，加快雾滴沉降。

(4) 促附着：改进雾滴的润湿和铺展，耐雨水冲刷。

(5) 促吸收：加快有机体蜡质层溶解，促进药液吸收。

在喷洒前，助剂的加入有助于同混制剂体系稀释均匀，增强同混制剂体系的稳定性。

喷洒过程中，助剂的存在能有效降低雾滴蒸发速率，促进助剂快速沉降，减少雾滴飘移，同时改善喷雾雾滴粒径均匀性，提高药效。施药后，助剂的存在能有效降低雾滴表面张力，促进药液浸润、展着和渗透，同时耐雨水冲刷，提升持效时间。

对于飞防专用助剂，推荐用量一般为 1%即可满足实际喷洒需要，在天气干燥区域可适当增加至 2%～5%，在农药混配过程中，为了保证专用药剂的充分稀释和混合均匀，需严格按照叶面肥、可湿性粉剂、悬浮剂、水剂、微乳剂、乳油、助剂混配顺序进行。混配过程必须坚守“二次稀释”的原则，即先用少量水将药剂稀释成高浓度母液，再稀释至所需浓度。同时，尽量做到“现用现配，不宜久放”和“先分别稀释、再混合”，防止有效成分的分解。

在实际喷洒中，能有效地降低雾滴与作物接触的动态接触角，减少弹跳的发生；同时显著改善喷雾效果，提高雾滴粒径均匀性，增强雾滴在作物上、中、下部的沉积分布。

随着专业化航空植保的快速发展，飞防药剂/助剂作为新兴的研究方向，未来飞防药剂将以抗蒸发、抗飘移、沉积渗透和润湿吸收快、广谱高效多功能的制剂或制剂组合为主，涵盖液体剂型或纳米剂型。

第五节 农药的毒性与药害

一、农药的毒性

农药毒性是指农药损害生物体的能力，农业上习惯将对靶标的毒性称为毒力。

（一）毒性的种类

(1) 急性毒性。急性毒性是指动物从呼吸道、消化道、皮肤一次摄入大量药物，在短时间内(一般为 48h 内)引起的急性病理反应。通常以致死中量(LD_{30})或致死中浓度(LC_{50})表示，单位是 mg/kg 或 mg/L(表 3.3)。

表 3.3　急性毒性分级

急性毒性分级	大鼠经口 LD_{50}/(mg/kg)	大致相当于体重为 70kg 人的致死剂量
6 级(极毒)	<1	稍尝，<7 滴
5 级(剧毒)	1～50	7 滴～1 茶匙
4 级(中等毒)	51～500	1 茶匙～35g
3 级(低毒)	501～5000	35～350g
2 级(实际无毒)	5001～15000	350～1050g
1 级(无毒)	>15000	>1050g

(2) 亚急性毒性。亚急性毒性是指供试动物在一定时间内(一般为 3 个月左右)连续摄入一定剂量药剂(低于急性中毒的剂量)，逐步引起的病理反应。

(3) 慢性毒性。慢性毒性是供试动物在长时间内(1 年以上)连续摄入一定剂量药物，缓慢表现出病理过程。

（二）施药过程中引起农药中毒的原因

(1) 不注意个人防护配药，拌种和拌毒土时不戴橡皮手套和防毒口罩，喷粉、喷雾时不穿长袖衣物、长裤和鞋，赤足露背喷药或用手直接撒施经杀虫剂拌种的种子。

(2) 施药过程中进食和吸烟。田间喷雾是很枯燥的毒物操作过程，个别人员在配药和喷药间隙，习惯抽烟、饮水或进食，此时未经洗手、洗脸和更换喷药时的衣物，农药很容易随之进入人体，造成人员中毒。此外，由于经济条件的限制，大部分农药用户不太可能购买专用的农药喷洒防护设备(防毒面罩、透气性防护服等)，再加上对安全防护的认识不足，很多使用者在喷洒农药时，徒手配制、赤膊赤脚喷洒农药等现象屡见不鲜，再加上对农药科学使用了解不多，极易造成农药中毒。

施药人员不应选用未成年人、老人、三期妇女(月经期、孕期和哺乳期)、体弱多病、皮肤有损伤、精神不正常、对农药过敏或中毒后尚未完全恢复健康者。

(3) 喷雾器械跑、冒、滴、漏严重。由于喷雾器械质量问题，喷雾器开关、喷头、空气室等连接部件经常发生漏液现象；由于药液过滤不严，喷头也经常发生堵塞现象。当器械发生以上故障时，操作人员常徒手操作，甚至用嘴吹，农药污染皮肤或经口腔进入人体。

配药时不小心药液污染皮肤，又没有及时清洗，或药液溅入眼内；人员在下风向配药，吸农药过多；甚至有人用手直接拌种、拌毒土等。

喷雾方法不正确，如在下风向喷雾，或几架喷雾机同时、同田喷药，又未按照梯形前进下风向先行，上风向喷雾作业的细小雾滴、粉尘污染下风向作业人员。

(4) 施药时间过长。目前很多地区出现了“打药专业户”，这些人员长时间地从事喷药作业，经皮肤和呼吸道进入身体的药量多，加上身体疲劳、抵抗力减弱，更容易发生中毒事故。因此，喷药作业时，一天作业时间不得超过 8h。

(5) 施药时间不正确。每年七八月是农作物生长旺季，也是农药使用次数和使用量最多的季节。由于此时天气炎热,施药人员不愿意使用皮肤防护用品,暴露在农药雾滴的皮肤面积大,被农药污染的机会多。再者由于天气炎热,人体皮肤毛孔张开度大,血液循环加剧,因而易吸收农药,发生中毒。为此,操作人员要避开中午前后高温时段喷药,选择在每天早、晚凉爽时间进行。

以上列举的几种情况,不管哪个环节疏忽,都有可能发生农药中毒。中毒风险更大的是,很多农户在喷雾作业时,几个环节都有问题。中央电视台曾报道,福建两个果农在对柑橘树喷洒农药时中毒身亡。归其原因:一是喷洒剧毒农药;二是在中午喷药;三是由于人站在树下往树冠层喷雾,药液滴落在身上;四是没有采取安全防护措施。

二、农药的药害

农药使用不当引起作物植株发生组织损伤,生长受阻,植株变态,落叶落果等一系列正常的生理变化,影响农产品的质量和品质,这就称为药害。

(一)药害的种类

(1)急性药害。急性药害发生快,一般在施药后2～5天就会出现,其症状也很明显。

(2)慢性药害。农药施药后,药害不会立即出现,症状也不太明显,主要是影响农作物的生理活动。

(3)残留药害。这是由残留在土壤中的农药或其分解产物引起的。这类药害主要是由于农药的残留影响下茬作物的生长。

(二)药害的症状

农药使用不当常会使果树及农作物遭受药害,主要症状如下。

药害病斑一般在植株上呈无规律分布,大小、形状不一致(图3.18)。主要表现在叶上,有黄斑、褐斑、枯斑等,如百草枯在水稻上施用造成褐斑;有时表现在茎枝上,如水稻精喹禾灵药害;有时表现在果实上,如嘧菌酯引起苹果果面出现斑点。

图3.18 斑点(源自中国害虫防治网)

(1)黄化:可发生在植株茎叶部位(图3.19),以叶片黄化发生较多,主要是由于农药阻碍了叶绿素的正常光合作用。轻度发生时表现为叶片发黄,重度发生时表现为全株发黄,最后由黄叶变成枯叶。表现常与天气状况联系密切,晴天多则黄化产生快,阴雨天多则黄化产生慢，这要和由于缺乏某些元素、病害引起的黄化区别开。最常见的如西瓜喷施含异恶草松成分的除草剂造成的叶片黄化。

图 3.19　黄化（源自农业种植网）

药害导致的植株枯萎通常没有发病中心，且大多发生过程迟缓，先黄化、后死株，根茎输导组织无褐变，主要是除草剂药害。受绿麦隆药害会出现嫩叶黄化、叶缘枯焦、植株萎缩；豆类喷洒高浓度的杀虫剂会出现枯焦、萎蔫、死苗；玉米因发生除草剂药害会发黄、枯萎；水稻苗期误喷盖草能，整株会枯萎死亡（图 3.20）。

图 3.20　枯萎（源自中国害虫防治网）

（2）畸形：这类药害大部分是由激素类农药导致，作物茎、叶、果实和根部均可表现畸形，常见的畸形有卷叶、丛生、根肿、畸形穗、畸形果等（图 3.21）。

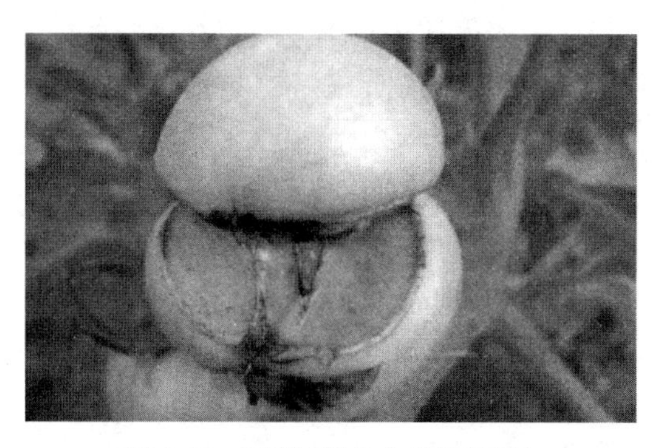

图 3.21　畸形（源自农业知识网）

(3) 脱落：这类药害大多表现在果树及部分双子叶植物上，药害后出现大量的落叶、落花、落果现象(图 3.22)。

图 3.22 脱落(源自农业知识网)

(三) 农作物产生药害的主要原因

(1) 药剂种类。不同类型的农药对不同植物的药害程度不同。如有机氯杀虫剂对瓜类易产生药害，敌百虫、敌敌畏等有机磷类杀虫剂易对高粱产生药害。

(2) 药剂剂型和使用浓度。一般来说，不同剂型的农药产生药害的可能性大小不同，但无论何种剂型，如果加工质量差都会增加产生药害的可能性。如油剂、乳油等分层，出现沉淀；可湿性粉剂结块，悬浮率低，粉剂结絮。另外，农药的使用浓度越高，越易产生药害。

(3) 药剂使用方法。农药使用方法种类较多，若使用方法不当就会造成药害，其主要表现为误用农药、错混农药、稀释农药过高、所用的水质不同、残留药害、飘移药害、喷雾器清洗不彻底等。

农作物的种类和品种不同，对药剂的敏感性也不同。

(4) 农作物的生育期。作物不同生育期对药剂敏感度也不同，一般地说，植物在幼苗期、开花期、孕穗期比较敏感，易产生药害。

(5) 环境方面的原因。一般情况下，随着气温的升高，农药的药效增强，但药害也同时增大，湿度高时利于药剂向植物体内渗透，提高药效，同时也易造成药害，所以在多雨、多露的天气不宜喷药。

(6) 光照。阳光照射强烈易发生药害。

(7) 土壤性质。土壤性质对土壤使用除草剂的药效发挥和药害产生有明显影响。

(四) 农作物药害发生后的补救措施

(1) 浇水排毒。对一些施用除草剂而引起的药害，可适当浇水或灌水洗药排毒，减少根部积累的有害物质。

(2) 喷水冲洗。叶片遭受药害，可在受害处连续喷洒几次清水，以清除或减少作物叶片上的农药残留量。如果是酸性药剂造成的药害，喷水时可加入适量草木灰或 0.1%生石灰；如果是碱性药剂造成的药害，喷水时可加入适量食醋，以减轻与缓解药害。

(3) 摘除受害枝叶。

(4) 追施肥料。结合浇水追施速效肥，也可喷施全营养叶面肥。

(5) 中耕松土。结合灌水、施肥进行中耕松土，可促进根系发育，增强作物恢复能力。

(6) 喷施调节剂，根据作物需要，喷施云大-120 等叶面营养调节剂或植物激素，促进作物恢复生长。

(7) 使用解毒剂。根据导致药害的药物性质,可用与其性质相反的药物中和缓解。

第六节　农药的使用

一、农药标签解读

农药标签是一个农药品种的身份体现,可以指导人们科学、合理、安全地使用农药,在标签上注明农药名称、有效成分及含量、剂型、农药登记证号等信息,常用的材料为铜版纸或PVC。农药标签是农药管理的重要内容。

(一) 农药名称

农药名称是指有效成分及商品的称谓,包括化学名称、通用名称(中文通用名和国际通用名)和商品名称(在农药登记管理中已取消)(图 3.23)。

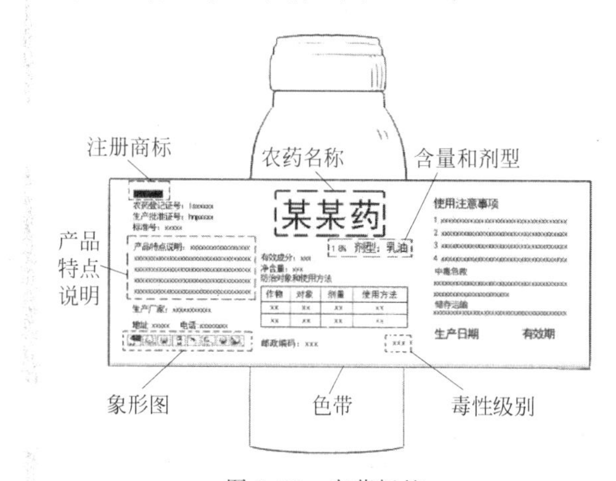

图 3.23　农药标签

(二) 农药的三证

农药三证是指农药生产许可证或者农药生产批准证书、农药产品标准和农药登记证。三证以产品为单位发放,即每种农药产品由同一种农药产品不同的厂家生产,都有各自的三证(图 3.24)。

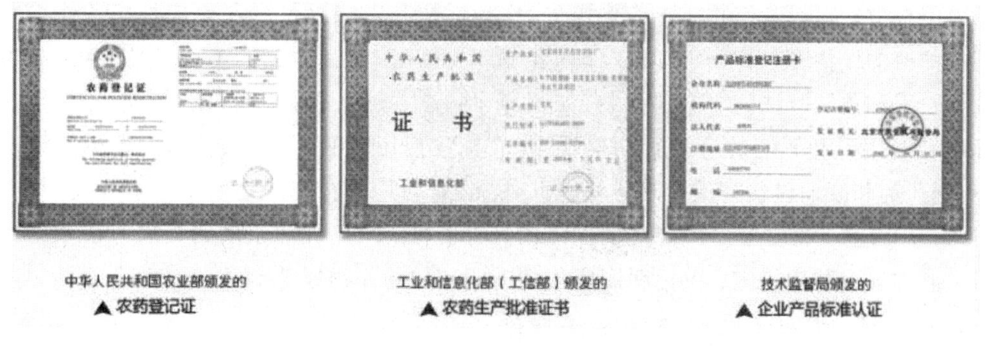

图 3.24　农药三证

（三）农药类别颜色标识

特征颜色标志带在农药标签的底部有一条或两条与底边平行的、不褪色的特征颜色标志带并镶嵌有相应的描述性文字（其颜色与标识带形成明显反差），表示农药的不同类别（表3.4）。

表3.4 农药类别颜色标识

农药标识颜色	农药标识含义
绿色带	表示除草剂
红色带	表示杀虫（螨、软体动物）剂
黑色带	表示杀菌（线虫）剂
深黄色	表示植物生长调节剂
蓝色	表示杀鼠剂
红色和黑色带	表示杀虫剂/杀线虫剂

（四）产品性能、用途及使用方法

产品的性能包括基本性质、主要功能、作用特点等。用途和用法主要包括适用作物或使用范围、防治对象以及施用时期、剂量、次数和方法等。未经登记的使用范围和防治对象不得出现在标签上。

用于大田作物时，使用剂量采用每公顷使用该产品的制剂量表示，并以括号注明每667m^2用制剂量或稀释倍数。例如，24%虫酰肼悬浮剂防治甘蓝甜菜夜蛾，每公顷用制剂量为600mL（折合667m^2/40mL）。

用于树木等作物时，使用剂量采用总有效成分量的浓度值表示，并以括号注明制剂稀释倍数，如24%虫酰肼悬浮剂防治苹果卷叶蛾有效浓度为100～200g/L（即1200～2400倍）。

种子处理剂的使用剂量用农药与种子的质量比表示。特殊用途的农药，使用剂量的表述应与农药登记批准的内容一致。例如，使用70%种子处理可分散粉剂拌棉花种子，防治苗期蚜虫，其药种比为1∶600～1∶500。

（五）注意事项

产品使用需要明确安全间隔期的，应当标注使用安全间隔期及农作物每个生产周期的最多施用次数。对后茬作物生产有影响的，应当标注其影响以及后茬仅能种植的作物或后茬不能种植的作物、间隔时间。对农作物容易产生药害，或者病虫容易产生抗性的，应当标明主要原因和预防方法。对有益生物（如蜜蜂、鸟、蚕、蚯蚓、天敌及鱼、水蚤等水生生物）和环境容易产生不利影响的应进行明确说明，并标注使用时的预防措施、施用器械的清洗要求、残剩药剂和废旧包装物的处理方法。此外，已知与其他农药等物质不能混合使用的，应当标明；开启包装物时容易出现药剂撒漏或人身伤害的应当标明正确的开启方法及施用时应当采取的安全防护措施；应标明国家规定禁止使用的作物或范围等。

（六）农药毒性的标示及安全示意图

农药毒性的标识应该为黑色（图3.25），描述文字为红色。

(a) 使用后洗手　(b) 对家畜有害　(c) 对河流污染　(d) 保护生态

(e) 穿胶鞋　(f) 戴护目镜　(g) 戴手套　(h) 戴防护面具

图 3.25　农药安全实用象形图

二、农药稀释与配比

除了少数可以直接使用的农药制剂以外，一般农药在使用前都要经过配制才能进行喷洒。农药的配制就是把商品农药制剂，配成可以在田间喷洒的状态。农药配制一般有三个必要步骤，即农药和配料取用量的计算、农药和配料的定量量取、农药和配料的混合与调制。

农药用量是指单位面积农田防治某种有害生物所需要的药量。农药用量是通过对药剂进行生物测定和药效试验而确定的，有害生物对药剂的敏感性，各种生物及其不同的生育阶段对药剂的敏感性有明显的不同。商品农药的标签和说明书都标明了制剂的有效成分含量，单位面积上有效成分的用量，有的还标明了制剂用量和稀释倍数。要精确计算农药制剂和配料用量，首先要仔细、认真阅读农药标签和说明书。目前，国内市场上流通的大部分农药都经过了登记，所以其说明书都是经过严格审查、正确的。

（一）农药稀释配比公式

如果农药稀释倍数在 100 倍以上，计算公式为

$$\text{药剂用量} = \frac{\text{稀释剂(水)用量}}{\text{稀释倍数}}$$

如果农药稀释倍数在 100 倍以下，计算公式为

$$\text{药剂用量} = \frac{\text{稀释剂(水)用量}}{\text{稀释倍数} - 1}$$

（二）通用计算公式

$$\text{药剂用量} = \frac{500 \times \text{用水量}}{\text{稀释倍数}}$$

计算两种药剂混用时的药剂用量，稀释倍数在 100 倍以上的计算公式为

$$\text{药剂用量} = \frac{\text{稀释剂(水)用量}}{\text{稀释倍数}}$$

（三）农药浓度表示方法

农药浓度通常有百分浓度、百万分浓度和倍数法三种表示法。

(1) 百分浓度(%)。即100份药剂中含有多少份药剂的有效成分。例如,50%“××”乳油,表示100份这种乳油中含有50份“××”的有效成分。

(2) 百万分浓度(10^{-6})。即100万份药剂中含有多少份药剂的有效成分。例如,300×10^{-6}的“××”,表示100万份这种溶液中含有300份“××”的有效成分。在配制1×10^{-6}浓度时,1g农药或肥料(指纯量)加水1t(1000000g),以此类推。

注:现根据国际规定,百万分率已不再使用10^{-6}来表示,而统一用μg/mL或mg/L或g/m^3。

(3) 倍数法。药液(或药粉)中稀释剂(水或填充料)的用量为原药剂用量的多少倍,即药剂稀释多少倍的表示法。例如,50%“××”乳油800倍液,即表示1kg 50%“××”乳油应加水800kg来稀释。倍数法一般不能直接反映出药剂的有效成分。根据所要求稀释倍数的大小,在生产应用上通常采用内比法和外比法两种配法。

① 内比法:此法用于稀释100倍以下(包括100倍)的药剂,计算稀释量时要扣除原药剂所占的一份。如稀释80倍,即用原药剂1份加稀释剂79份。

② 外比法:此法用于稀释100倍以上的药剂,计算稀释量时不扣除原药剂所占的一份。例如,稀释1500倍,即用原药剂1份加稀释剂1500份。

(四) 稀释计算法

1. 农药有效含量的计算

通用公式为

原药剂浓度×原药剂重量=稀释药剂浓度×稀释药剂重量

例:用50%“××”乳油拌麦种,拌种有效浓度为0.5%,10kg该药剂可拌多少麦种?

解:$50\%\times10=0.5\%X$,求得$X=1000$kg,即可拌麦种1000kg。

2. 农药稀释倍数计算

通用公式为

稀释药剂重量=原药剂重量×稀释倍数

例:配制50%“××”乳油1000倍液喷雾,问1kg该乳油需兑多少水?

解:$X=1\times1000=1000$(kg),即需兑水1000kg。

3. 农药混配计算(两种以上的农药合用)

(1) 作用对象不同的农药混配计算。

某种农药需用量=混合药液量÷此种农药稀释倍数

例1:要配制甲基硫菌灵800倍和50%对硫磷1500倍混合液100kg,需以上两种农药和水各多少?

解:甲基硫菌灵用量=100÷800=0.125(kg)(125g),对硫磷用量=100÷1500=0.067(kg)(67g),用水量=100kg。

例2:某农药是100倍液,配30斤水的用量,问需要某农药多少克或毫升?(1斤=500g)

解:$X=30\div100=0.3\times50$(1两)=15(g),即要某农药15g或15mL。

(2) 作用对象相同的农药混配计算。

例3:现要配2.5%敌杀死5000倍与50%久效磷2000倍液100kg防治棉蚜,问需上述两种药液各多少?

解：单配 5000 倍 2.5%敌杀死用量为 100÷5000＝0.02(kg)(20g)

单配 2000 倍 50%久效磷用药量为 100÷2000＝0.05(kg)(50g)

敌杀死和久效磷的防治对象都是棉蚜，如果仍按单配时的用药量，则药液的浓度增加了一倍，因此上述两种农药混用时各自用量都应除以 2，即敌杀死 10 倍，久效磷 25g。如果防治对象相同的三种农药混用，则应将各自的单倍用量除以 3。

4. 浓度的计算

加水量要根据农药或肥料的纯含量以及需要稀释的浓度(用 10^{-6} 单位)确定。其计算公式为

每克农药或肥料的加水量＝1000000×药品(肥料)含量(%)÷浓度(10^{-6})

例：需用 15%的多效唑配制成 300×10^{-6} 的药液，喷洒水稻秧苗，1g 农药需加多少克水？

解：加水量＝1000000×15%÷300＝500(g)

即 1g 15%多效唑加水 500g，即可配制成 300×10^{-6} 的多效唑药液。

三、农药复配技术

将两种或者两种以上的农药依据其毒理机制相互作用的特性，针对一定的防治对象按照一定的比例和工艺混合使用，就叫作农药复配，经过复配而成的农药叫作复配农药。

农药复配在生产应用中有多种形式，按照使用类型分类，有混剂和现混现用两种。

（一）农药复配的优点

(1) 提高农药的增效作用。两种以上农药复配混用、各自的致毒作用相互发生影响产生协同作用的效果比其中任何一种农药都好，如氧化乐果和敌敌畏混用大大高于自身的药效。

(2) 一药多治扩大使用范围。农作物一般常常有几种病虫害同时危害，科学地使用两种以上农药混配施药，一次可收到几种病虫对象的防治效果。例如，三环唑和敌敌畏混用，既可防治水稻稻瘟病，又可防治水稻的稻纵卷叶螟、稻苍虫、稻飞虱等虫害。

(3) 克服延缓病虫的抗药性。一种农药使用时间过长，有的病虫会产生抗药性，将两种以上农药混合施用就能克服和延缓有害生物对农药的抗药性，从而保证防治效果。

(4) 降低农药的消耗成本。在病虫发生季节重叠发生病虫的情况较多，如果逐一去防治，既增加防治次数又增加农药用量；如果两种以上的农药混用，既可防治病害又可消灭虫害，同时减少用药次数，节省用药量和工时，从而降低成本。

(5) 保护有益生物、减少污染。多次使用农药会使有益生物遭受其害，农药混合施用后可减少施药次数和用药时间，相对地给有益生物一定的生成时间，又减少农药对环境污染的负面反应。

（二）农药复配的原则

农药复配要遵循的原则包括：要有明确的防治目标和要求；要避免农药间的负面反应，混配后要有增效、兼治功效；混配要选用高效、低毒、低残留、短残效的农药，混配农药种类不宜超过三种，混配农药种类越多风险越大。

农药混配应遵循“二次稀释”原则(图 3.26)，并按叶面肥、可湿性粉剂、悬浮剂、水剂、乳

油顺序依次加入，同时在这个过程中不断搅拌。（二次稀释是指对于每种药剂要单独用少量水先将其稀释后按上述顺序与其他制剂混合，然后补充所需水量，最后再充分搅拌。）

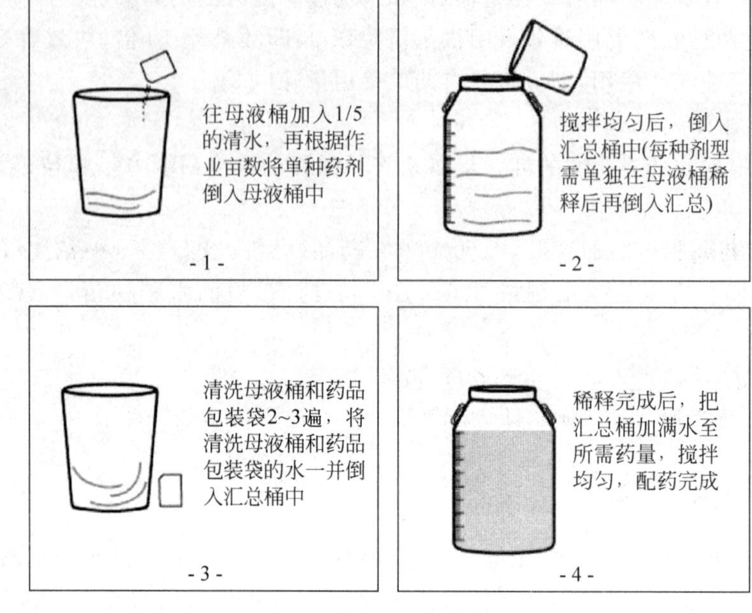

图 3.26　农药的二次稀释法示意图

第四章

农作物常见病虫害的防治

第一节　小麦常见病害及防治

小麦是三大谷物之一，中国也是世界上最早种植小麦的国家之一。小麦是我国的主要粮食作物，近年种植面积稳定在 $2.4\times10^{7}\,hm^{2}$ 左右，病虫害是影响其稳产、高产的重要生物灾害。据统计，我国小麦上常见病虫害有 70 多种，其中，病害 38 种、虫害 37 种。危害严重的病害主要有小麦条锈病、叶锈病、秆锈病、白粉病、赤霉病、纹枯病、全蚀病、根腐病、孢囊线虫病、雪霉叶枯病、黑穗病、黄矮病；常见虫害有麦蚜、吸浆虫、黏虫、麦蜘蛛、麦秆蝇、蝼蛄、蚜螨、金针虫等。

一、小麦的赤霉病

赤霉病俗称"烂麦头"。它是一种真菌病害，还是一种典型的气候型病害。小麦扬花灌浆期遇到阴雨天气，空气中又有大量病菌时，病害就会发生。阴雨和潮湿环境下，病穗会产生粉红色霉状物，也正因为这一特征才得名赤霉病(图 4.1)。

表现症状：从幼苗到抽穗都可受害，主要引起苗枯、茎基腐、秆腐和穗腐，其中危害最严重的是穗腐，会造成整穗或部分小穗腐烂。还会引起小麦出现白穗，降低千粒重，影响产量。携带赤霉病病菌的小麦粒里含有毒素，可引起人、畜中毒，出现呕吐、腹痛、头昏等症状。

防治方法有以下两种。

农业防治：秋耕适当加深，消灭稻桩，减少菌源。加强麦田管理，做好清沟排渍工作，排水好的田块，子囊孢子数量少，发症轻。选好种，种子纯度高，抽穗开花整齐，感病的危险期可以缩短。

图 4.1　小麦赤霉病(源自中国农业病虫害网)

药剂防治：用 50%二硝散 0.5kg，加水 100kg，调匀喷雾；每亩喷药液 100kg，可能兼治秆锈病；或喷洒 0.5～0.8 波美度种石硫合剂；还可以用灭菌丹和代森锌喷雾以及多菌灵喷雾。

二、小麦锈病

小麦锈病分条锈病、叶锈病和秆锈病三种，是我国小麦发生面积最广、危害最严重的一类病害。条锈病主要危害小麦；叶锈病一般只侵染小麦；秆锈病小麦变种除侵染小麦外，还侵染大麦和一些禾本科杂草。

（一）小麦条锈病

小麦条锈病在我国西北和西南高海拔地区越夏。越夏区产生的夏孢子经风吹到广大麦区，成为秋苗的初浸染源。病菌可以随发病麦苗越冬。春季在越冬病麦苗上产生夏孢子，可扩散造成再次侵染(图 4.2)。

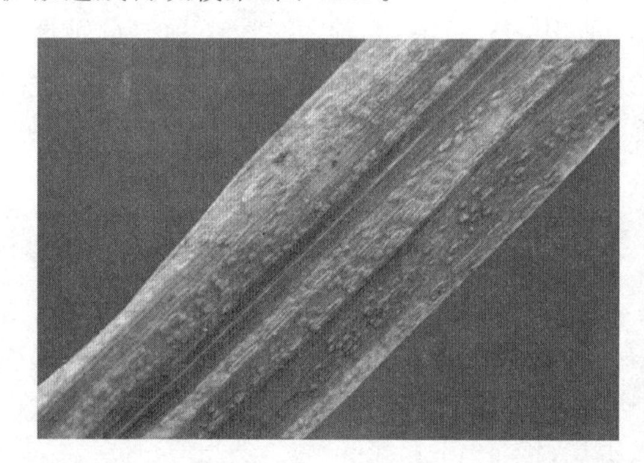

图 4.2　小麦条锈病(源自农业知识网)

造成春季流行的条件为：①大面积感病品种的存在；②一定数量的越冬菌源；③3—5 月的雨量，特别是 3—4 月的雨量过大；④早春气温回升较早。

小麦条锈病主要危害叶片，也可危害叶鞘、茎秆及穗部。小麦的三种锈病的症状田间诊断时，可根据“条锈成行叶锈乱，杆锈是个大红斑”加以区分。

防治方法：该病是气传病害，必须采取以种植抗病品种为主、药剂防治和栽培措施为辅的综合防治策略才能有效地控制其危害。小麦条锈病是长期影响我国小麦安全生产的严重生物灾害，病害一般流行年份小麦减产10%～20%，特大流行年份减产可达60%以上，甚至使小麦几乎没有收成。

小麦条锈病流行年份，可在小麦拔节初期用15%三唑酮可湿性粉剂铲除或封锁发病中心，可有效地控制病害扩散蔓延和流行。常发病田和易发病田可用15%三唑酮可湿性粉剂全田喷雾，铲除越冬菌源，控制穗期流行。偶发病田或晚发病田，穗期可采用15%三唑酮可湿性粉剂叶面喷雾，保护顶部功能叶。

（二）小麦叶锈病

叶锈病主要危害小麦叶片，产生疱疹状病斑，很少发生在叶鞘及茎秆上（图4.3）。夏孢子堆圆形至长椭圆形，橘红色，比秆锈病小，较条锈病大，呈不规则散生，在初生夏孢子堆周围有时产生数个次生的夏孢子堆，一般多发生在叶片的正面，少数可穿透叶片。成熟后表皮开裂一圈，散出橘黄色的夏孢子。冬孢子堆主要发生在叶片背面和叶鞘上，呈圆形或长椭圆形，黑色，扁平，排列散乱，但成熟时不破裂。

图4.3　小麦叶锈病（源自农业知识网）

发病条件：北方春麦区，由于病菌不能在当地越冬，病菌则从外地传来，引起发病。冬小麦播种早，出苗早发病重。一般9月上、中旬播种的易发病，冬季气温高，雪层厚，覆雪时间长，土壤湿度大，发病重。毒性强的小种多，能使小麦抗病性“丧失”，造成大面积发病。

防治方法：主要依靠种植抗病品种，辅之以药剂防治和栽培防病，与条锈病防治方法相同。

（三）小麦秆锈病

小麦秆锈病是小麦的常见疾病，主要发生在华东沿海、长江流域、南方冬麦区及春麦区。主要发生在叶鞘和茎秆上，也危害叶片和穗部，是由禾柄锈锈菌引发的疾病（图4.4）。防治该疾病需选用抗病品种作种子，合理规划麦田布局，可用化学农药治疗该病。

发病条件：夏孢子借气流进行远距离传播，从气孔侵入寄主，病菌侵入适温18～22℃。秆锈病流行需要较高的温度和湿度，尤其需要液态水，如降雨、结露或有雾。露时越长，侵入率越高，在叶面湿润时的温度，即露温适宜时适其侵入，需露时8～10h，生产上遇有露温高、露时长时发病重。小麦品种间抗病性差异明显，该菌小种变异不快，品种抗病性较稳定，近20年来没有大的流行。

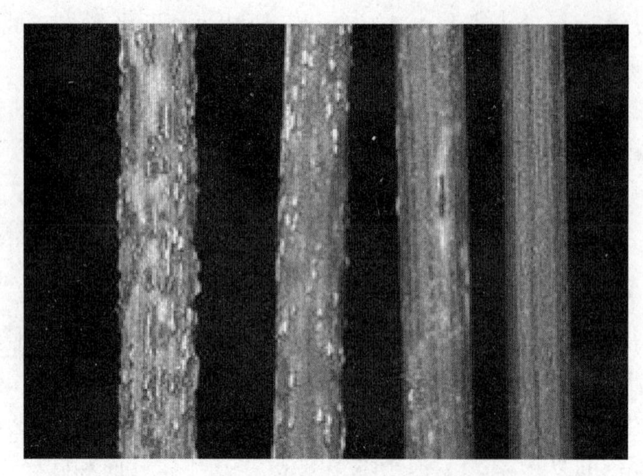

图 4.4 小麦秆锈病(源自中国农业网)

防治方法：选用抗病品种；药剂防治与条锈病防治方法相同。

三、小麦纹枯病

近年小麦纹枯病已成为我国麦区常发病害。小麦受纹枯菌侵染后，在各生育阶段出现烂芽、病苗枯死、花秆烂茎、枯株白穗等症状(图 4.5)。烂芽、芽鞘褐变，后芽枯死腐烂，不能出土；病苗枯死发生在 3～4 叶期，初仅第一叶鞘上现中间灰色、四周褐色的病斑，后因抽不出新叶而致病苗枯死；花秆烂茎拔节后在基部叶鞘上形成中间灰色、边缘浅褐色的云纹状病斑，病斑融合后，茎基部呈云纹花秆状；枯株白穗病斑侵入茎壁后，形成中间灰褐色、四周褐色的近圆形或椭圆形眼斑，造成茎壁失水坏死，最后病株因养分、水分供不应求而枯死，形成枯株白穗。

图 4.5 小麦纹枯病(源自中国农业网)

防治方法：应采取农业措施与化学防治相结合的综合防治措施才能有效控制其危害。

1. 选用抗病、耐病品种

抗病、耐病品种如郑引 1 号、扬麦 1 号、丰产 3 号、华麦 7 号、鄂麦 6 号、阿夫、7023 等。

2. 施肥

施用酵素菌沤制的堆肥或增施有机肥，采用配方施肥技术配合施用氮、磷、钾肥。不要偏施氮肥，可改良土壤理化性状和小麦根际微生物生态环境，促进根系发育，增强抗病力。

3. 适期播种

避免早播，适当降低播种量。及时清除田间杂草。雨后及时排水。

4. 药剂防治

(1) 播种前药剂拌种。用种子重量0.2%的33%纹霉净(三唑酮加多菌灵)可湿性粉剂，或用种子重量0.03%～0.04%的15%三唑醇(羟锈宁)粉剂，或0.03%的15%三唑酮(粉锈宁)可湿性粉剂，或0.0125%的12.5%烯唑醇(速保利)可湿性粉剂拌种。播种时土壤相对含水量较低，则易发生药害，如每千克种子加1.5mg赤霉素，就可克服上述杀菌剂的药害。

(2) 翌年春季冬、春小麦拔节期，亩用有效成分井冈霉素10g，或井冈·蜡芽菌(井冈霉素4%、蜡质芽孢杆菌16亿个/g)26g，或烯唑醇7.5g，或苯甲·丙环唑6～9g，或丙环唑10g。选择上午有露水时施药，适当增加用水量，使药液能流到麦株基部。重病区首次施药后10天左右再防一次。

5. 生物防治

例如，施用南京农业大学研制的B#力粉拌种，防效可达60%以上，促进小麦种子发芽，增产13.7%。

四、小麦白粉病

小麦白粉病是一种世界性病害，在各主要产麦国均有分布，我国山东沿海、四川、贵州、云南发生普遍，危害也重。近年来该病在东北、华北、西北麦区，也有日趋严重之势。该病可侵害小麦植株地上部各器官(图4.6)，但以叶片和叶鞘为主，发病重时颖壳和芒也可受害。

图4.6　小麦白粉病(源自中国农业网)

防治该病主要注意以下两方面。

(1) 喷药方法。5月上旬是白粉病粉孢子繁殖能力最强的时期，因此比较容易大面积发生。灌浆期小麦田间密度较大，因此，当小麦白粉病发生后，打药时药液量一定要足，最起码要保证一亩地的药液量在 30kg(两桶水)以上，才能彻底控制住白粉病的扩展和蔓延。

(2) 药剂选择。三唑酮、烯唑醇等传统药剂由于使用时间较长，白粉病病原菌对这些农药已经产生了很强的抗药性，因此，可以选择 50%嘧菌酯悬浮剂 3000 倍液，或 22.5%啶氧菌酯 2000 倍液，或 40%氟硅唑乳油等新型药剂对白粉病的防治效果较好，持效期均可达 15 天以上，灌浆期只需喷一遍就可以很好地控制白粉病的危害。

五、小麦全蚀病

小麦全蚀病又称小麦立枯病、黑脚病。全蚀病是一种根部病害，只侵染麦根和茎基部 1～2 节。苗期病株矮小，下部黄叶多，种子根和地中茎变成灰黑色，严重时造成麦苗连片枯死(图 4.7)。拔节期冬麦病苗返青迟缓、分蘖少，病株根部大部分变黑，有时在茎基部及叶鞘内侧出现较明显灰黑色菌丝层。

图 4.7 小麦全蚀病(源自中国农业网)

发病条件：小麦全蚀病菌较好气，发育温限为 3～35℃，适宜温度为 19～24℃，致死温度为 52～54℃(温热)10min。土壤性状和耕作管理条件对全蚀病影响较大。一般土壤土质疏松、肥力低，碱性土壤发病较重。土壤潮湿有利于病害发生和扩展，水浇地较旱地发病重。与非寄主作物轮作或水旱轮作，发病较轻。根系发达品种抗病较强，增施腐熟有机肥可减轻发病。冬小麦播种过早发病重。

防治措施有以下几种方法。

1. 禁止从病区引种，防止病害蔓延

对怀疑带病种子用 51～54℃温水浸种 10min 或用有效成分 0.15 托布津药液浸种 10min。病区要严格控制种子外调，新的轻病区及时采取扑灭性措施，消灭发病中心，对地块实行三年以上的禁种。水旱轮作，病菌易失去生活力。粪肥必须高温发酵后施用。要多施基肥，发挥有机肥的防病作用。选用农艺性状好的耐病良种。

2. 轮作倒茬

实行稻麦轮作或与棉花、烟草、蔬菜等经济作物轮作，也可改种大豆、油菜、马铃薯等，可明显降低发病率。

3. 种植耐病品种

耐病品种如烟农 15 号、济南 13 号、济宁 3 号等。

4. 增施腐熟有机肥

提倡施用酵素菌沤制的堆肥，采用配方施肥技术，增加土壤根际微生物拮抗作用。

5. 药剂防治

生产上常用三唑酮、氟咯菌腈、硅噻菌胺、戊唑醇等药剂处理种子或在小麦苗期和拔节期进行喷施，可有效防治小麦全蚀病的发生和危害。

第二节　小麦常见虫害及防治

一、小麦吸浆虫

小麦吸浆虫为世界性害虫(图 4.8),广泛分布于亚洲、欧洲和美洲主要小麦栽培国家。小麦吸浆虫也广泛分布于我国主要产麦区。

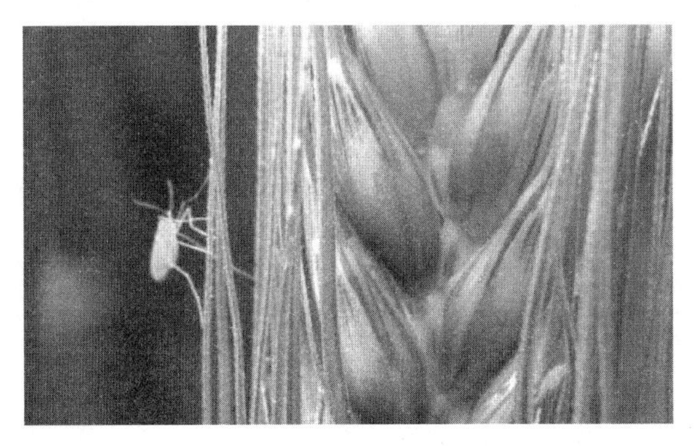

图 4.8　小麦吸浆虫(源自中国农业病虫害网)

我国的小麦吸浆虫主要有两种,即红吸浆虫和黄吸浆虫。小麦红吸浆虫主要发生于平原地区的渡河两岸,小麦黄吸浆虫主要发生在高原地区和高山地带。

以幼虫潜伏在颖壳内吸食正在灌浆的麦粒汁液,造成秕粒、空壳(图 4.9)。小麦吸浆虫以幼虫危害花器、籽实和麦粒,是一种毁灭性害虫。

图 4.9　小麦空壳(源自中国农业病虫害网)

防治措施分以下两步。

1. 土壤处理

时间:①小麦播种前,最后一次浅耕时;②小麦拔节期;③小麦孕穗期。

药剂:2%甲基异柳磷粉剂,4.5%甲敌粉,4%敌马粉,1.5%甲基 1605 粉,每亩用 2～3kg,或 80%敌敌畏乳油 50～100mL,加水 1～2kg,或用 50%辛硫磷乳油 200mL,加水 5kg 喷在 20～25kg 的细土上,拌匀制成毒土施用,边撒边耕,翻入土中。

2. 成虫期药剂防治

在小麦抽穗至开花前，每亩用80%敌敌畏150mL，加水4kg稀释，喷洒在25kg麦糠上拌匀，隔行每亩撒一堆，此法残效期长，防治效果好。或用40%乐果，乳剂1000倍；2.5%溴氰菊酯3000倍；40%杀螟松可湿性粉剂1500倍液等喷雾。

二、小麦蚜虫

小麦蚜虫俗称油虫、腻虫、蜜虫，是小麦的主要害虫之一，可对小麦进行刺吸危害，影响小麦光合作用及营养吸收和传导。小麦抽穗后集中在穗部危害，形成秕粒，使千粒重降低造成减产。全世界各麦区均有发生(图4.10)。小麦蚜虫主要危害麦类和其他禾本科作物与杂草，若虫、成虫常大量群集在叶片、茎秆、穗部吸取汁液，被害处初呈黄色小斑，后为条斑，枯萎、整株变枯至死。

图4.10 小麦蚜虫(源自中国农业病虫害网)

防治方法分为以下两种。

1. 农业防治

(1) 合理布局作物，冬、春麦混种区尽量使其单一化，秋季作物尽可能为玉米和谷子等。

(2) 选择一些抗虫耐病的小麦品种，造成不良的食物条件。

(3) 播种前用种衣剂加新高脂膜拌种，可驱避地下病虫，隔离病毒感染，不影响萌发吸胀功能，加强呼吸强度，提高种子发芽率。

2. 药剂防治

(1) 种子处理：60%吡虫啉格猛FS、20%乐麦拌种，以减少蚜虫用药次数。

(2) 早春及年前的苗蚜，使用25%大功牛和除草剂一起喷雾使用。

(3) 穗蚜使用25%大功牛噻虫嗪颗粒剂(图4.11)和5%瑞功微乳剂混配或单独使用。

图4.11 大功牛噻虫嗪颗粒剂

三、小麦黏虫

黏虫又名东方黏虫，俗称剃枝虫、行军虫、五色虫(图4.12)，全国均有分布。我国有黏虫类害虫 60 余种,较常见的还有劳氏黏虫、白脉黏虫等,在南方与黏虫混合发生,但数量和危害一般不及黏虫,在北方各地虽有分布,但较少见。

图 4.12　小麦黏虫(源自中国农业病虫害网)

防治方法分为以下两种。

1. 农业防治

在成虫产卵盛期前选叶片完整、不霉烂的稻草 8～10 根扎成一小把,每亩 30～50 把,每隔 5～7 天更换一次(若草把经用药剂浸泡可减少换把次数),可显著减少田间虫口密度。幼虫发生期间放鸭啄食。

2. 物理防治

可以采用杀虫灯诱杀成虫,效果非常好(图 4.13)。

图 4.13　物理防治

第三节　小麦田间杂草诊断及防治

我国小麦栽培面积较广,北方冷凉地区主要栽培春小麦,南方温暖地区主要栽培冬小麦。栽培方式多种多样,有旱地小麦,也有水浇地小麦;有实行轮作倒茬,有连作种植,也有间作、套种等。据全国杂草普查资料报道,我国麦田杂草种类有 200 多种,草害面积占小麦种植面积的30%以上，损失约占小麦总产量的15%，达100亿千克，其中野燕麦、看麦娘、牛繁缕、猪殃殃、播娘蒿等危害面积均在3000万亩以上。由于各地气候、土壤和栽培条件等不同，小麦田杂草发生种类和危害程度也有很大差别。在春小麦区发生的一年生禾本科杂草主要有稗草、野燕麦、狗尾草、毒麦等，一年生阔叶杂草有藜、蓼、荞麦蔓、苑菜、苍耳、香薷、野跖草、野薄荷等；多年生杂草有刺儿菜、问荆、苴荬菜等。在冬小麦地区一年生或越年生禾本科杂草主要有看麦娘、蔺草、早熟禾、棒头草等，一年生或多年生阔叶杂草有繁缕、猪殃殃、大巢菜、婆婆纳、卷耳等。这些杂草各有不同的生长特性和发生条件，只有认识它、掌握它，才能做到"对症下药"，经济且有效地防治(图4.14)。

图4.14 常见麦田杂草(源自农业种植网)

一、减少杂草种子的来源

预防的主要目的是尽量勿使杂草种子等繁殖器官进入田间。漫长的农业实践中，人们已积累了许多预防杂草的经验措施，严格杂草检疫制度，精选播种材料。凡属国内没有或尚未广为传播的杂草必须严格禁止输入或严加控制。例如，假高粱(Sorghum Halepense)原产地中海地区，现已为欧美危害很大的多年生杂草，目前在我国只南方少数地区有，故应严格防止扩散。在国内，野燕麦、毒麦草等正逐渐传播，应在省区间调种时认真检查，严肃处理。特别是新垦农田，必须认真清选材料，以减少田间杂草来源。清除地边、路旁的杂草，最好在路边地头种上草皮，种上多年生牧草等覆盖植物，减少杂草种子的来源。消灭渠道上的杂草，也可减少田间草籽来源，清洁灌溉水，有利于减少田间杂草。腐熟有机肥料，应将农家含有杂草种子的肥料经过 50～70℃高温堆沤 2～4 周，杀死其发芽力后再用。

二、通过多种措施除草

对已进入田间的杂草应尽量设法消灭或控制其危害，可以采取合理轮作、田间耕作、生物除草、物理除草和化学除草等多种措施。

(1) 合理轮作。例如，水田杂草眼子菜和牛毛草在轮作旱作时，其生长发育就大受抑制。冬麦田中的越冬性杂草荠菜、播娘蒿可通过与春作物轮作进行防治。

(2) 田间耕作除草是利用各种耕翻、耙、中耕松土等措施进行播种前、出苗前及各生育期等不同时期除草，能杀除已出土的杂草或将草籽深埋，或将地下茎翻出地面使之干死或冻死。这是目前我国北方旱区使用最为普遍的措施。

(3) 生物除草是利用动物、昆虫、病菌等方法防除某些杂草。例如，我国科学工作者发现，培育的毛盘孢菌(鲁保一号)是一种利用寄生在大豆菟丝上的真菌孢子，经过分离、提纯、繁殖再喷洒在大豆株上未得病的菟丝子使其也得病死亡，使大豆丰产，也有在稻田中养草鱼来消灭杂草，还有放养某种昆虫来吃食仙人掌、三棱草等害草。

(4) 物理除草是利用水、电、激光、微波等物理方法消除杂草。利用覆盖、遮光、高温等原理，用塑料薄膜覆盖种菜，铺纸种稻，秸秆覆盖种植等方法进行除草，根据不同情况和条件因地制宜的应用都有一定的效果。例如，免耕种植中的覆盖物及地膜覆盖中的塑料薄膜本身就有遮光、抑制部分杂草发芽的作用，还有地膜覆盖栽培中的塑料薄膜，夏天能使地面土温上升到 50℃以上，可将大部分杂草幼芽杀死。

(5) 化学除草。土壤处理剂要在杂草出土之前施用，且整地质量影响药效发挥，土地不平整、土块较大时药效不好。此外，施药时要注意土壤墒情，土壤干燥则不利于药效发挥。茎叶处理宜在冬前出草高峰期用药，此时气温不太低，杂草处于幼苗期，耐药性差，防除效果好。

冬前杂草发生量大，出草量占总草量的 80%左右，密度大，单株生长量大，竞争力强，危害重，是防治的重点，因此冬前防除是化学除草的关键时期。同时，此时杂草处于幼苗期，植株小，组织幼嫩，对药剂敏感，气温较高(日平均温度在 10℃以上)，药剂能充分发挥药效。而到翌年春天，随着杂草生长发育，植株壮大，表皮蜡质层加厚，不易穿透，耐药性相对增强，则用药效果会相对较差。此时，气温迅速回升，麦苗生长速度也加快，杂草易被麦苗覆盖，杂草不易着药。因此,麦田除草冬前最好。应改变在春季施药的习惯,抓住冬前杂草的敏感期施药,不仅可取得最佳除草的效果,而且还能减少某些田间持效期过长的除草剂产生的药害。

冬前或者春季宜在土壤湿润时的晴天上午 9 时至下午 4 时用药,此时气温高、光照足,可增强杂草吸收药剂的能力,增加吸收量。用水量要足,冬前每亩用水量为 30～40kg,春季每亩用水量为 40～50kg。春季杂草草龄偏大,要适当增加用药量,药液要喷细喷匀,以保证药效。

春季(3 月中下旬)应在小麦拔节前、杂草 3～4 叶期用药,小麦拔节后严禁用药,避免产生药害。除草剂活性高,用过的器械要认真清洗,避免残留药剂对其他作物造成药害。切忌盲目将除草剂与杀虫剂、杀菌剂混用,以免影响药效和产生药害。

风速较大,容易造成药液飘移、加快药液的挥发,降低防除效果、发生药害,所以必须在无风或微风天气施药。

第四节　水稻常见病害及防治

水稻是中国重要的粮食作物之一(图 4.15),年种植面积 $3\times10^7hm^2$,约占粮食作物种植面积的 1/3,稻谷产量占粮食总产量的 45%。在中国危害水稻的有害生物很多,据记载,水稻病害有 61 种,水稻害虫有 78 种。水稻三大主要病害是稻瘟病、白叶枯病、纹枯病。其他重要病害有稻曲病、恶苗病、霜霉病等。病害暴发的根本原因是优质感病品种比例增大、病菌生理小种增多以及耕作栽培制度变化等向着有利于病害发生和危害的方向发展。

图 4.15　水稻(源自农业种植网)

一、稻瘟病

水稻稻瘟病又名稻热病,俗称火烧瘟、嗑头瘟。稻瘟病是水稻四大重要病害之一,田间鉴别症状是危害水稻各部分,在水稻整个生育期都有发生(图 4.16)。秧苗在发病后变成黄褐色而枯死,不形成明显病斑,潮湿时可长出青灰色霉。稻瘟病在整个水稻生育期都会发生,根据受害时期和部位的不同,可分为苗瘟、叶瘟、节瘟、穗颈瘟和谷粒瘟等,其中以穗颈瘟对产量影响最大。

防治措施：防治策略是以种植高产抗病品种为基础,减少菌源为前提,加强保健栽培为关键,药剂防治为辅助的综合措施。

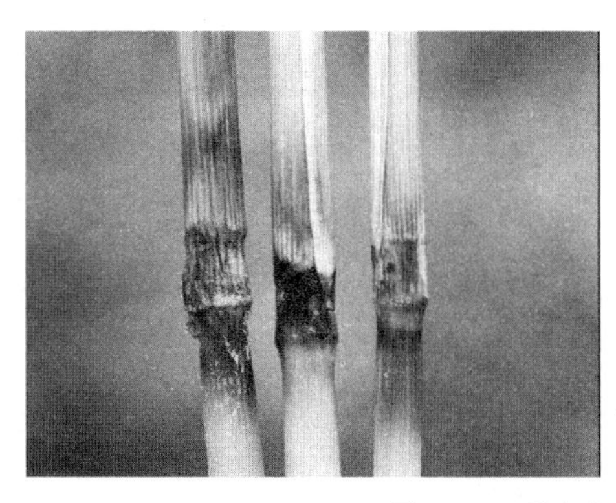 

图 4.16　稻瘟病(源自农业知识网)

种植抗病品种可因地制宜地选用抗病品种。减少病源不用带菌种子；及时处理病稻草；带菌种子消毒。改进栽培方式，加强水肥管理。

药剂防治：用于防治稻瘟病的化学药剂较多。防治苗瘟一般在秧苗 3～4 叶期或移栽前 5 天施药；防治穗颈瘟可于破口至始穗期喷施一次杀菌剂，然后根据天气情况在齐穗期施第一次药。常用的杀菌剂有三环唑、氰菌胺、富士 1 号(稻瘟灵)、异稻瘟净、春雷霉素、多菌灵、克瘟散及嘧菌胺等。

二、水稻白叶枯

水稻白叶枯是水稻病害之一，病株叶尖及边缘初生黄绿色斑点，后沿叶脉发展成苍白色、黄褐色长条斑，最后变灰白色而枯死(图 4.17)。病株易倒伏，稻穗不实率增加。病菌在种子和有病稻草上越冬传播。分蘖期病害开始发展。高温多湿、暴风雨、稻田受涝及氮肥过多时有利于病害流行。

图 4.17　水稻白叶枯(源自农业知识网)

防治方法：选用抗病品种为基础，在减少菌源的前提下，狠抓肥水管理，辅以药剂防治，重点抓好秧田期的水浆管理和药剂防治。

(1) 种子处理。播前用 50 倍液的福尔马林浸种 3h，再闷种 12h，洗净后再催芽。也可选用浸种灵乳油 2mL,加水 10～12L,充分搅匀后浸稻种 6～8kg,浸种 36h 后催芽播种。

(2) 农业防治。选用抗病品种是防治白叶枯病最经济、有效的途径,如华安 2 号、中 9A/838、皖稻 44、金两优 36、特优 813、优优 128 等。清理病田稻草残渣,病稻草不直接还田,尽可能防止病稻草上的病原菌传入秧田和本田。搞好秧田管理,培育无病状秧。选好秧田位置,严防淹苗。秧田应选择地势高,无病,排灌方便,远离稻草堆、打谷场和晒场地,连作晚稻秧田还应远离早稻病田。防止串灌、漫灌和长期深水灌溉。防止过多偏施氮肥,还要配施磷、钾肥。

(3) 药剂防治。20%叶青可湿性粉剂,25%叶枯宁可湿性粉剂,10%氯霉素可湿性粉剂,50%代森铵(此药抽穗后不得使用),90%克菌壮可溶性粉剂或 72%农用链霉素等。以上药剂兑适量清水叶面喷雾。

三、水稻稻曲病

水稻稻曲病又称伪黑穗病、绿黑穗病、谷花病、青粉病,俗称"丰产果"。该病只发生于穗部,危害部分谷粒。受害谷粒内形成菌丝块渐膨大,内外颖裂开,露出淡黄色块状物,即孢子座,后包于内外颖两侧,呈黑绿色,初外包一层薄膜,后破裂,散生墨绿色粉末,即病菌的厚垣孢子,有的两侧生黑色扁平菌核,风吹雨打易脱落(图 4.18)。河北、长江流域及南方各省稻区时有发生。

图 4.18 水稻稻曲病征状(源自农业种植网)

防治方法:选用抗病品种,如南方稻区的广二 104、选 271、汕优 36。避免病田留种,深耕翻埋菌核。发病时摘除并销毁病粒。

药剂防治:一般应在水稻孕穗期进行喷药,当田间多数水稻植株剑叶抽出 1/2 至全部抽出,植株呈锭子型但未破肚,在水稻破口前 10 天左右施药,效果最佳。可选用 18%多菌酮粉剂、20%粉锈宁(三唑酮)乳油、井冈霉素加水喷雾。

四、水稻纹枯病

水稻纹枯病又称云纹病,俗名花足秆、烂脚瘟、眉目斑,是由立枯丝核菌感染得病,多在高温、高湿条件下发生。纹枯病在南方稻区危害严重,是当前水稻生产中的主要病害之一。该病使水稻不能抽穗,或抽穗的秕谷较多,粒重下降(图 4.19)。

图 4.19　水稻纹枯病(源自中国害虫防治网)

水稻纹枯病发病初期在近水面的叶鞘上产生暗绿色水浸状小斑点,以后逐渐扩大呈椭圆形斑纹,似云状。病斑中央呈灰白色,边缘呈暗褐色或灰褐色。叶片上的病斑与叶鞘上的相似。稻穗受害变成墨绿色,严重时成枯孕穗或变成白穗。当田间湿度大时,病斑上可出现白色粉状霉层。病部菌丝集结成菌核,容易脱落。

防治措施:农业防治加强健身栽培,增强植株抗病力,减少危害。合理密植,实行东西向宽窄行条栽,以利通风透光,降低田间湿度;浅水勤灌,适时晒田;合理施肥,控氮增钾。药剂防治在水稻分蘖期和破口期各喷一次药进行防治。可选用的药剂有:20%氟酰胺可湿性粉剂;5%田安;5%井冈霉素,兑水喷雾。用30%苯甲丙环唑(爱苗)可兼治稻曲病、稻瘟病、紫秆病、胡麻叶斑病、粒黑粉病等多种水稻中后期病害,并有明显的增产作用;5%井冈霉素水剂150mL兑水均匀喷雾。

注意:喷雾时重点喷在水稻基部。

第五节　水稻常见虫害及防治

一、水稻螟虫

水稻螟虫俗称钻心虫(图4.20),其中常见且较严重的主要是二化螟和三化螟,还有稻苞虫、大螟等。二化螟除危害水稻外,还危害玉米、小麦等禾本科作物,三化螟为单食性害虫,只危害水稻。

图 4.20　水稻螟虫(源自中国害虫防治网)

各代螟卵盛孵期大致是：第一代5月上中旬，第二代7月上中旬至7月下旬，第三代8月上中旬。其发生危害主要在单季稻为主的地区，第一、二代重于第三代。三化螟以幼虫在禾蔸里过冬。越冬幼虫在4—5月化蛹羽化。水稻分蘖期和孕穗期最易受害。

防治措施：水稻螟虫的防治应根据螟虫的发生规律和水稻栽培制度及生长情况，采用防、避、治的综合治理措施；药剂防治则采取挑治轻害代，普治、重治重害代。

(1) 消灭越冬虫源，压低虫口基数。

(2) 采取调整品种布局，改单、双混栽的布局为大面积双季稻或一季稻，减少三化螟辗转增殖危害的"桥梁田"。

(3) 人工防除及设置诱杀田结合中耕除草，人工摘除卵块，拔除枯心株和白穗株。

(4) 化学药剂防治在预测的指导下，结合防治指标，及时施药防治。常用药剂种类和用法：5%锐劲特悬浮剂，且具有速效、持效期长等优点；5%杀虫双颗粒剂，拌润土撒施，残效期10～12天，防效90%以上，特别适宜于蚕桑稻区；12%敌杀星乳油，对水喷雾；50%杀螟松乳油喷雾，或兑水泼苗，或撒毒土；50%杀螟松乳油及40%乐果乳油各750～1125mL/hm^2。以上药剂交替使用，以防螟虫抗药性的产生。

(5) 生物防治是利用微生物农药以及保护天敌。

二、稻飞虱

稻飞虱俗称蠓子虫、火蠓虫、响虫，以刺吸植株汁液危害水稻等作物(图4.21)。我国危害水稻的稻飞虱主要有三种，即褐飞虱、白背飞虱和灰飞虱，其中以褐飞虱发生和危害最重，白背飞虱次之。

图4.21 稻飞虱(源自中国农药网)

稻飞虱在各地每年发生的世代数差异很大。褐飞虱每年发生1～13代；白背飞虱每年发生1～11代；灰飞虱每年发生4～8代。以稻褐飞虱和白背飞虱危害较重，白背飞虱在水稻生长前中期发生，与二代稻纵卷叶螟发生的时间接近，在防止稻纵卷叶螟的同时可得到控制。

有些年份在水稻生长中后期造成危害最重的是褐飞虱。

1. 危害

(1) 成、若虫刺吸危害。田间受害稻丛常由点、片开始，远望比正常稻株黄矮，俗称"冒穿""黄塘"或"塌圈"等。

（2）雌虫产卵危害。

（3）排泄物常招致霉菌滋生，影响水稻的光合作用和呼吸。

（4）传播植物病毒病。褐飞虱能传播水稻丛矮缩病等；白背飞虱能传播水稻黑条矮缩病等；灰飞虱能传播水稻条纹叶枯病等。

2. 防治措施

（1）农业防治。选育抗虫丰产水稻品种，如汕优10、汕优64等。

（2）生物防治。保护利用自然天敌，调整用药时间，改进施药方法，减少施药次数，用药量要合理，以减少对天敌的伤害，达到保护天敌的目的。

（3）药剂防治。防治适期是二龄若虫盛发期。常用药机有：扑虱灵（噻嗪酮），在低龄若虫盛期喷雾，药效长达一个月，且对天敌安全，是防治稻飞虱的特效药。异丙威（叶蝉散）、速灭威、混灭威等。水稻生长后期，植株高大，要采用分行泼浇的办法，提高药效。施药时，田间保持浅水层，以提高防治效果。

三、水稻稻叶蝉

稻叶蝉是危害水稻的叶蝉类昆虫的统称，是我国水稻的重要害虫（图4.22），广泛分布于各稻区，尤以南方稻区发生较重，同稻飞虱相似，除直接取食危害外，还传播水稻病毒病，后者的危害常超过直接取食。国内常见的稻田叶蝉有十多种，以黑尾叶蝉发生最普遍。广东、广西、云南及四川南部等地则以二点黑尾叶蝉或二条黑尾叶蝉为优势种。

图4.22　水稻稻叶蝉（源自中国农药网）

防治措施有以下几种。

（1）农业防治。种植抗病品种；因地制宜，改革耕作制度，尽量避免混栽，减少桥梁田。加强肥水管理，提高稻苗健壮度，防止稻苗贪青徒长；放鸭啄食害虫。

（2）保护、利用天敌。结合耕作栽培为天敌留下栖息场所，保护它们从前茬作物过渡到后茬作物，田塍种豆或留草皮，收种期间不搞"三面光"，为蜘蛛等留下栖息场所。注意合理使用农药，不使用对天敌杀伤力大的农药品种。

（3）物理防治。利用该虫的强趋光性，在盛发期采用灯光诱杀。

（4）化学防治。根据治虫防病的要求，治秧田保大田，治前季保后期；结合防治稻蓟马、稻纵卷叶螟等稻虫，搞好总体药剂防治。

四、稻苞虫

稻苞虫别名稻弄蝶(图 4.23),是水稻上主要害虫之一,20 世纪 90 年代各稻区普遍发生,近年来发生呈加重趋势。水稻受稻苞虫危害后,叶片残缺、植株矮小、稻穗变短、稻谷灌浆不充分、千粒重降低,严重影响水稻产量,一般发生年份减产 10%～20%,大发生年份减产 50%以上。

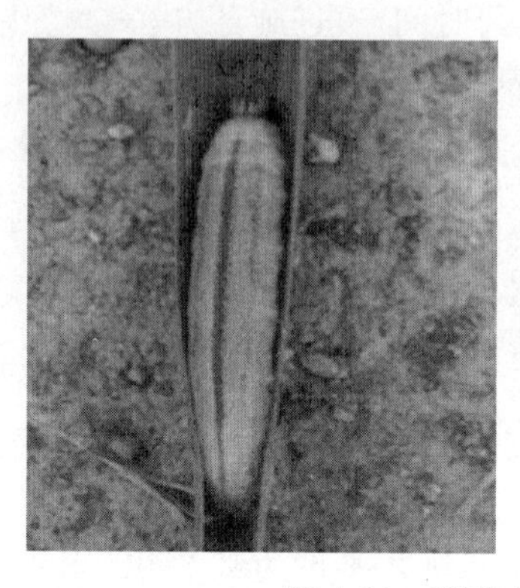

图 4.23　稻苞虫(源自中国农药网)

防治措施有以下三种。

(1) 农业防治。消灭越冬虫源,结合冬季积肥,铲除塘、沟、田边杂草,特别是游草,消灭越冬幼虫。栽培技术一般中稻区,搞好栽培制度的改革,选用高产抗虫早熟品种,合理安排迟、中、早熟品种的播栽期,使分蘖、圆杆期避过第三代幼虫发生期。加强田间管理,合理施肥,对冷浸田、烂泥田要增施热性肥料,干湿间歇浅水灌溉,促进水稻早熟。

(2) 药剂防治。在预测的基础上,于幼虫三龄以前用药。常用药剂有:每公顷用 90%晶体敌百虫 1.125kg 或杀螟松乳油 1500g,兑水喷雾;3%杀虫双颗粒剂,每公顷用 24.75kg 均匀撒施。

(3) 保护、利用天敌。

第六节　水稻田间杂草诊断及防治

一、水稻主要杂草识别

稻田杂草分类如图 4.24 所示。

(1) 禾本科杂草,如稗草、千金子、杂草稻等。

(2) 阔叶杂草,如鸭舌草、矮慈菇、节节菜、陌上菜、四叶萍、眼子菜等。

(3) 莎草,如异型莎草、碎米莎草等。

(4) 一年生杂草,如稗草、鸭舌草、异型莎草。

(5) 多年生杂草,如矮慈菇、四叶萍、眼子菜、三棱草。

(6) 免耕田杂草,如马唐、马齿苋、竹节菜。

(7) 非免耕田杂草。

图 4.24　水稻田常见杂草(源自中国农业网)

二、水稻田杂草防治技术

(一) 水稻秧田杂草防治技术

1. 发生特点

秧田杂草种类多,但危害较大的主要是稗草、莎草科杂草以及节节菜、野慈菇、眼子菜等主要杂草。稗草的发生受气温影响很大。一般田间气温达到 10℃以上时,在湿润的表土层内,稗草种子才能吸水萌发,随着气温的升高,萌发生长加快。

2. 防治技术

湿润育秧田,可以进行播前和播种后苗前土壤处理及苗期茎叶处理。秧田杂草的防治策略:①防除秧田稗草是防除稻田稗草的关键所在,要抓好秧田稗草的防除;②秧田早期必须抓好以稗草为主兼治阔叶杂草的防除;③加强肥水管理,促进秧田早、齐、壮,防止长期脱水、干田是秧田杂草防除的重要农业措施。生产中,通常在播后芽前和苗期进行施药除草。

(二) 常用除草剂品种及应用技术

(1) 丁恶(丁草胺+恶草酮),以 20%丁恶乳油 100～150mL/亩配成药液喷施,施药后

2～3 天播种。

(2) 丁草胺(新马歇特)＋丙草胺(扫弗特)，在水稻播种后两天用 60％丁草胺乳油 60mL/亩＋30％丙草胺乳油 60mL/亩，配成药液喷雾，常规管理，可以有效防除一年生禾本科、莎草科和阔叶杂草。二者复配除草效果好，而且对作物安全。

(3) 丁草胺(新马歇特)＋丙草胺(扫弗特)，在水稻播种后两天用 60％丁草胺乳油 60mL/亩＋96％禾草特乳油 100mL/亩，配成药液喷雾，常规管理，可以有效防除一年生禾本科、莎草科和阔叶杂草。二者复配没有增效作用，但可以扩大杀草谱，而且对作物安全。

(4) 苯达松，在稻苗 3～4 叶期，用 48％苯达松水剂 100～150mL/亩，配成药液，排干水层后喷施，药后一天复水，可以防除莎草科杂草、鸭舌草、矮慈菇、节节菜等。

第七节　玉米常见病害及防治

玉米是我国主要的粮食和重要的饲料来源，也可以作为工业原料，目前我国播种面积在 3 亿亩左右，仅次于稻、麦，在粮食作物中居第三位。在世界上仅次于美国，我国玉米主产区在东北地区和华中地区。我国还将玉米分为六个种植区，即北方春播玉米区、黄淮海平原夏播玉米区、西南山地玉米区、南方丘陵玉米区、西北灌溉玉米区、青藏高原玉米区。从玉米种植到玉米成熟过程中会遇到各种各样的病虫害，如玉米黏虫、玉米螟等一系列的病虫害。本节主要介绍几种常见的病虫害及其防治方法，为农业飞防施药提供参考。

一、玉米灰斑病

玉米灰斑病又称尾孢叶斑病、玉米霉斑病，除侵染玉米外，还可侵染高粱、香茅、须芒草等多种禾本科植物。玉米灰斑病是近年上升很快、危害较严重的病害之一(图 4.25)，主要危害叶片，初在叶面上形成无明显边缘的椭圆形至矩圆形灰色至浅褐色病斑，后期变为褐色。病斑多限于平行叶脉之间，大小为 4(～20mm)×2(～5)。湿度大时，病斑背面生出灰色霉状物，即病菌分生孢子梗和分生孢子。

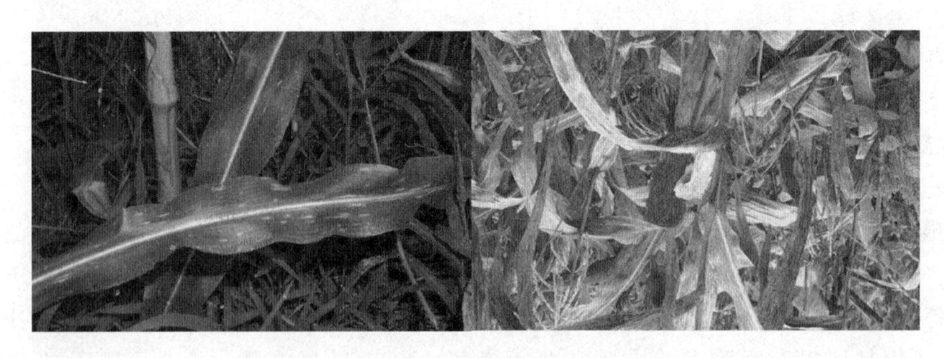

图 4.25　玉米灰斑病(源自第一农经网)

防治措施：玉米灰斑病防治应采用以抗病品种为主和加强栽培管理以及综合防治措施的策略。

1. 农业防治

秋季收获后及时将病秸秆堆沤腐熟还田或粉碎后深翻入土，或集中焚烧，或移出田间作其他用途，减少初侵染源。春季播种时施足底肥，及时追肥，防止后期脱肥。重病区搞好轮作倒茬，实行间种、套种，合理密植，以降低田间扩展速度。

2. 化学防治

在病害初发期及时用药，连续用药2～3次，每次用药间隔7～10天，防治效果较好。国家玉米产业技术体系近年的研究表明，在大喇叭口期提前防治可以收到较好的效果。常用药剂有氟硅唑、苯醚甲环唑、甲基硫菌灵、多菌灵、嘧菌酯、克菌丹、代森锰锌等。

二、玉米褐斑病

玉米褐斑病原本是玉米生产上的次要病害(图4.26)，在国内外均有发生，一般损失不大。但近年来，随着玉米品种的更新、栽培制度的变革和气候条件的变化，该病在我国玉米产区尤其是黄淮海产区普遍发生，造成大面积流行，危害严重，在河南、河北、北京、山东、安徽、江苏等地危害更重，已经成为玉米生产上的主要真菌性病害。

图4.26　玉米褐斑病(源自农业知识网)

防治措施有以下两种。

1. 农业措施

(1) 玉米收获后彻底清除病残体组织，并深翻土壤。

(2) 施足底肥，适时追肥。一般应在玉米4～5叶期追施苗肥，追施尿素(或氮、磷、钾复合肥)10～15kg/亩，发现病害，应立即追肥，注意氮、磷、钾肥搭配。

(3) 选用抗病品种，实行3年以上轮作。

(4) 施用日本酵素菌沤制的堆肥或充分腐熟的有机肥，适时追肥、中耕锄草，促进植株健壮生长，提高抗病力。

(5) 栽植密度适当稀植(大穗品种3500株/亩，耐密品种不超过5000株/亩)，提高田间通透性。

2. 药剂防治

(1) 提早预防。在玉米4～5片叶期，每667m^2用25%粉锈宁1000倍液或25%戊唑醇1500倍液叶面喷雾，可预防玉米褐斑病的发生。

(2) 及时防治。玉米初发病时立即用25%粉锈宁(三唑酮)可湿性粉剂1500倍液喷洒茎叶或用防治真菌类药剂进行喷洒。为了提高防治效果，可在药液中适当加叶面肥，如磷酸二氢钾、磷酸二铵水溶液、蓝色晶典多元微肥、壮汉液肥等，结合追施速效肥料，即可控制病害的蔓延，且促进玉米健壮，提高玉米抗病能力。根据多雨的气候特点，喷杀菌药剂应2～3次，间隔7天左右，喷后6h内如下雨应雨后补喷。

三、玉米大斑病

玉米大斑病又称条斑病、煤纹病、枯叶病、叶斑病等(图4.27)，主要危害玉米的叶片、叶鞘和苞叶。叶片染病先出现水渍状青灰色斑点，然后沿叶脉向两端扩展，形成边缘暗褐色、中央淡褐色或青灰色的大斑。后期病斑常纵裂。严重时病斑融合，叶片变黄枯死。潮湿时病斑上有大量灰黑色霉层。下部叶片先发病。在单基因的抗病品种上表现为褪绿病斑，病斑较小，与叶脉平行，色泽黄绿或淡褐色，周围暗褐色。有些表现为坏死斑。

图4.27　玉米大斑病(源自农业知识网)

温度20～25℃、相对湿度90%以上利于病害发展。气温高于25℃或低于15℃，相对湿度小于60%，持续几天，病害的发展就会受到抑制。在春玉米区，从拔节到出穗期间，气温适宜，又遇连续阴雨天，病害发展迅速，易大流行。玉米孕穗、出穗期间氮肥不足发病较重。低洼地、密度过大、连作地易发病。

防治措施：玉米大斑病的防治应以种植抗病品种为主，加强农业防治，辅以必要的药剂防治。

(1) 选种抗病品种。根据当地优势小种选择抗病品种，注意防止其他小种的变化和扩散，选用不同抗性品种及兼抗品种。具体品种选择可根据当地气候与具体情况综合分析，不可一概而论，以免影响农业生产。

(2) 加强农业防治。适期早播，避开病害发生高峰。施足基肥，增施磷、钾肥。做好中耕除草培土工作，摘除底部2～3片叶，降低田间相对湿度，使植株健壮，提高抗病力。玉米收获后，清洁田园，将秸秆集中处理，经高温发酵用作堆肥。实行轮作。

(3) 药剂防治。对于价值较高的育种材料及丰产田玉米，可在心叶末期到抽雄期或发病初期喷洒50%多菌灵可湿性粉剂500倍液或50%甲基硫菌灵可湿性粉剂600倍液、75%百菌清可湿性粉剂800倍液、25%苯菌灵乳油800倍液、40%克瘟散乳油800～1000倍液、农用抗菌素120水剂200倍液，隔十天防一次，连续防治2～3次。一般于病情扩展前防治，即可在玉米抽雄前后，当田间病株率达70%以上、病叶率20%左右时，开始喷药。防效较好的药剂种类有：50%多菌灵可湿性粉剂、50%敌菌灵可湿性粉剂或90%代森锰锌，均加水500倍，或40%克瘟散乳油800倍喷雾。每亩用药液50～75kg，隔7～10天喷药一次，共防治 2～3 次。

四、玉米小斑病

玉米小斑病又称玉米斑点病。由半知菌亚门丝孢纲丝孢目长蠕孢菌侵染所引起的一种真菌病害(图 4.28)。为我国玉米产区重要病害之一,在黄河和长江流域的温暖潮湿地区发生普遍而严重。在安徽省淮北地区夏玉米产区发生严重。一般造成减产 15%～20%,减产严重的达 50%以上,甚至无收。

图 4.28　玉米小斑病(源自中国农业病虫害网)

防治措施有以下两种。

(1) 因地制宜选种抗病杂交种或品种,加强农业防治,清洁田园,深翻土地,控制菌源;摘除下部老叶、病叶,减少再侵染菌源;降低田间湿度;增施磷、钾肥,加强田间管理,增强植株抗病力。

(2) 药剂防治。发病初期喷洒 75%百菌清可湿性粉剂 800 倍液或 70%甲基硫菌灵可湿性粉剂 600 倍液、25%苯菌灵乳油 800 倍液、50%多菌灵可湿性粉剂 600 倍液,间隔 7～10 天一次,连防 2～3 次。

第八节　玉米常见虫害及防治

一、玉米螟

玉米螟又叫玉米钻心虫,属于鳞翅目螟蛾科,我国发生的玉米螟有亚洲玉米螟和欧洲玉米螟两种(图 4.29),主要危害玉米、高粱、谷子等,也能危害棉花、甘蔗、大麻、向日葵、水稻、甜菜、豆类等作物,属于世界性害虫。

玉米螟主要以幼虫蛀茎危害,破坏茎秆组织,影响养分运输,使植株受损,严重时茎秆遇风折断。玉米螟对玉米的危害最大。常年春玉米的被害株率为 30%左右,减产 10%,夏玉米的被害株率可达 90%,一般减产 20%～30%。初孵幼虫先取食嫩叶的叶肉,二龄幼虫集中在心叶内危害,3～4 龄幼虫咬食其他坚硬组织(图 4.30)。

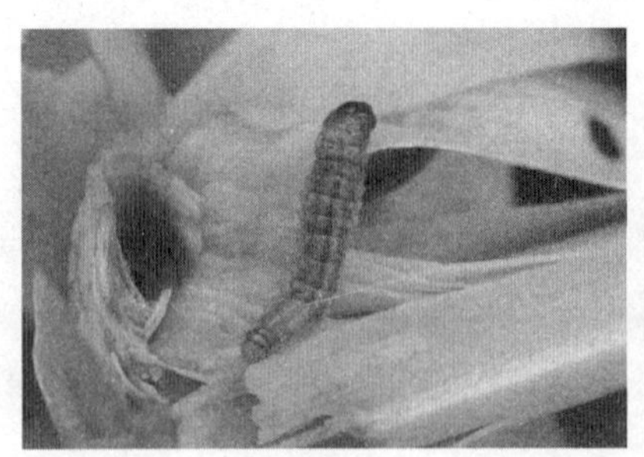

图 4.29 玉米螟(源自中国害虫防治网)

图 4.30 玉米螟咬食坚硬组织(源自中国害虫防治网)

防止措施有以下几种。

1. 生物防治

玉米螟的天敌种类很多,主要有寄生卵赤眼蜂、黑卵蜂,寄生幼虫的寄生蝇、白僵菌、细菌、病毒等。捕食性天敌有瓢虫、步行虫、草蜻蛉等,都对虫口有一定的抑制作用。

利用白僵菌治螟。在心叶期,将每克含分生孢子 50 亿～100 亿的白僵菌拌炉渣颗粒 10～20 倍,撒入心叶丛中,每株 2g。也可在春季越冬幼虫复苏后化蛹前,将剩余玉米秸秆堆放好,用土法生产的白僵菌粉按 100～150g/m^3 分层喷洒在秸秆垛内进行封垛。

2. 化学防治

(1) 心叶期防治。目前,在玉米心叶末期的喇叭口内投施药剂,仍是我国北方控制春玉米第一代玉米螟和夏玉米第二代玉米螟最好的药剂防治方法。

(2) 穗期防治。当预测穗期虫穗率达到 10%或百穗花丝有虫 50 头时,在抽丝盛期应防治一次,若虫穗率超过 30%,6～8 天后需再防治一次。

3. 诱杀成虫

根据玉米螟成虫的趋光性,设置黑光灯可诱杀大量成虫。在越冬代成虫发生期,用诱芯剂量为 20μg 的亚洲玉米螟性诱剂,在麦田按照 15 个/hm^2 设置水盆诱捕器,可诱杀大量雄虫,显著减轻第一代玉米螟的防治压力。

二、黏虫

玉米黏虫是玉米作物虫害中常见的主要害虫之一,属鳞翅目夜蛾科,又名行军虫,体长

17～20mm，呈淡灰褐色或黄褐色，雄蛾色较深(图 4.31)。以幼虫暴食玉米叶片，严重发生时，短期内吃光叶片，造成减产甚至绝收。一年可发生三代，以第二代危害夏玉米为主。天敌主要有步行甲、蛙类、鸟类、寄生蜂、寄生蝇等。

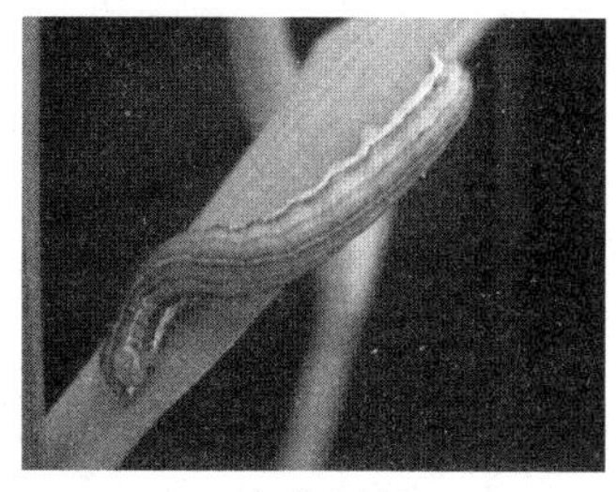

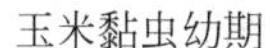

玉米黏虫幼期

受黏虫危害叶片

玉米黏虫成虫

图 4.31　玉米黏虫(源自中国害虫防治网)

防治措施：防治黏虫要做到捕蛾、采卵及灭杀幼虫相结合。在一般发生区，应密切监视虫情，对超过防治指标的点片及时进行挑治。

1. 诱捕成虫

利用成虫的趋化性和趋光性，以诱捕方法把成虫消灭在产卵之前。

2. 诱卵采卵

利用成虫产卵习性，把卵块消灭于孵化之前。

3. 化学防治

防治黏虫的化学药剂较多，应注意尽可能选择高效、低毒、低残留的药剂或与环境相容性好的剂型。低龄幼虫期可用5%卡死克乳油、灭幼脲一号、灭幼脲二号或灭幼脲三号悬浮剂喷雾防治，且不杀伤天敌。常规喷雾防治可选用50%辛硫磷乳油、40%毒死蜱乳油、20%灭幼脲三号悬浮剂、4.5%高效氯氰菊酯乳油、5%甲氰菊酯乳油、5%氰戊菊酯乳油、2.5%高效氯氟氰菊酯乳油、40%氧化乐果乳油、10%吡虫啉可湿性粉剂等。

三、玉米蚜

玉米蚜又称玉米叶蚜，属同翅目蚜科，为世界性害虫(图 4.32)。

玉米蚜幼虫

叶片上的玉米蚜

图 4.32　玉米蚜(源自中国害虫防治网)

玉米蚜常与禾谷缢管蚜、荻草谷网蚜、高粱蚜混合发生，以成虫和若蚜刺吸寄主植物汁液，危害玉米时引起叶片变黄或发红，导致叶面生霉变黑，影响光合作用，严重时造成空棵和秃顶现象,甚至整株枯死。玉米蚜还能传播多种玉米病毒病,造成更严重的后果。

防治措施有以下几种。

1. 农业防治

减少春播禾本科作物种植面积,选种抗虫丰产玉米品种,可有效减轻玉米蚜的发生危害。及时清除田间禾本科杂草,拔除危害中心蚜株,可压低虫源基数。

2. 诱杀防治

玉米蚜发生初期,在田间放黄色黏虫板诱杀有翅蚜,可减轻玉米病毒病传播。

3. 化学防治

在玉米蚜重发区,应推广应用吡虫啉包衣种子或进行药剂拌种。大田防治应把蚜虫控制在点片发生阶段,玉米抽雄5%、有蚜株率10%以上时为防治有利时机。在玉米心叶期,可结合防治玉米螟,在心叶内撒施颗粒剂或滴灌药液。在玉米孕穗期喷药防治比较困难,可用无人机喷施吡虫啉、啶虫脒、吡蚜酮等。

4. 生物防治

玉米蚜的天敌较多,常见的有蚜茧蜂、瓢虫、食蚜蝇、蜘蛛蚜霉菌等,瓢虫和蜘蛛是主要的捕食性天敌。

第九节 玉米田间杂草诊断及防治

玉米田间杂草有上百种之多,因地理环境、气候条件等因素的不同,各地玉米田间主要杂草种类也存在着一定的差异。其中常发生造成严重危害的有20多种,种类繁多,不易防治。

玉米田间杂草主要有马唐、葎草、千金子、香附子、酸浆、狗尾草、刺儿菜、苣荬菜、铁苋菜、马齿苋、苘麻、稗草、牛筋草、反枝苋、田旋花、鸭跖草、空心莲子草、莎草、苍耳、问荆、小藜、独行菜、猪殃殃、打碗花、大蓟、小蓟、鳢肠、繁缕、车前草、画眉等(图4.33)。

玉米田间杂草化学防治方法有以下几种。

1. 土壤封闭除草法

玉米播后苗前,最好在玉米播种后3天内,用40%乙阿合剂悬浮剂、42%玉美思悬浮剂150~200mL/亩,加水50kg均匀喷施于地表,进行土壤封闭。如果播种前田间已有部分杂草出土,可在喷施上述药剂的同时每亩加入20%百草枯水剂100~150mL进行喷施。

2. 苗后茎叶喷雾除草法

玉米3叶期后,不宜使用土壤封闭法时,可采用苗后茎叶喷雾除草法。玉米3~5叶期、杂草2~4叶期,可使用50%玉宝可湿性粉剂或40%苗想胶悬剂90g/亩,兑水25~35kg均匀喷雾。

3. 灭生性除草剂定向喷雾除草法

夏玉米8~9叶期,行间定向喷施20%百草枯水剂100~150mL/亩,兑水30kg,在无风条件下,对杂草茎叶均匀喷雾。施药时应加装定向喷雾罩,严禁药雾飘移到作物上造成药害;施药后3天内不得割草、翻地;对于机割、麦茬较高的玉米田都可选用苗后茎叶喷雾除草法和定向喷雾除草法。

图 4.33　玉米田间常见杂草(源自中国害虫防治网)

4. 玉米田间化学施药原则

因土壤施药在土壤有机质含量高的地区,土壤处理除草剂的用量比其他地区高,其施用剂量选用上限。因湿度施药气候干燥、少雨,不利于土壤处理除草剂活性的发挥,应在雨后天晴用药效果好,或用药前适当沟灌,于土壤潮湿时用药。因后茬施药使用阿特拉津、乙·阿和西玛津等药剂在土壤中持效期长,为 3～6 个月,会对后茬作物不利,特别是大豆和十字花科作物为后茬的玉米田不能使用。定剂量施药使用药剂量一定要准确,以免发生药害或降低药效,喷药结束后,要及时清洗药械,以免再次使用药械时使其他作物受害。

第十节　棉花常见病害及防治

我国的棉花产量居世界首位,棉区分布广,生态条件各异,病、虫害种类多,危害重,如不防治,一般年份减产 30%左右,大发生年份可减产 50%以上。棉花从播种出苗到成熟收获的各生育阶段都会遭受多种病虫害的侵袭。棉花常见的病害有十几种。其中,危害广、影响大的有棉花枯萎病、黄萎病及引起死苗和烂铃的多种苗、铃病害。有些病害能在棉花的整个生长期进行危害。这些病害的发生,轻者造成棉花产量降低、品质变劣;重者则造成落叶枯死,严重威胁着棉花生产。同时棉花害虫也种类较多,危害重,常发性虫害有 7～8 种,偶然发生或局部造成危害的有十几种。认识棉花的病虫草害对于科学的防治至关重要。

一、棉花枯萎病

棉花枯萎病是棉花种植期的一种常见病害(图 4.34)。病原为一种名为尖孢镰刀菌(萎蔫专化型)的真菌,主要危害棉花的维管束等部位,导致叶片枯死或脱落。根据其危害位置的不同,也可以用不同的专门名称来分别细指。该病害可以通过喷洒药剂或者种植管理等方式来防治。

图 4.34 棉花枯萎病症状(源自中国农业网)

防治方法:棉花枯萎病在防治上应采用保护无病区,消灭零星病区,控制轻病区,改造重病区的策略,贯彻以"预防为主,综合防治"的方针,有效地控制病害的危害。

(1) 选用抗、耐病品种,认真检疫保护无病区。

(2) 加强田间管理,实行大面积轮作,用无病土育苗移栽。

(3) 连续清洁棉田。连年坚持清除病田的枯枝落叶和病残体,就地烧毁,可减少菌源。

(4) 化学药物防治。选用 20%噻菌铜可湿性粉剂 1000 倍液、75%水杨多菌灵悬乳剂 1000 倍液、50%多菌灵悬浮剂 500 倍液等,在病株及周围 $1m^2$ 范围内灌莄,每株 100mL。

二、棉花黄萎病

棉花在幼苗期几乎不会出现黄萎病(图 4.35)。一般在 3～5 片真叶期开始显症,生长中后期棉花现蕾后田间大量发病,容易导致整个植株枯死或萎蔫。危害的病原为大丽花轮枝孢和黑白轮枝菌,属于半知菌亚门。该病害可以通过种植管理或药剂喷洒以及细菌撒放来防治。

防治措施有以下几种。

(1) 植物检疫。

(2) 农业防治。培育和种植抗耐病优良品种,如中棉 12、86-6 及辽棉 5 号等。土壤处理对发病区,除应拔除病株烧毁外,还可采取氯化苦等土壤熏蒸处理土壤及时消灭菌源。轮作倒茬加强栽培管理,对连续种植 3～5 年的田块或病株较多的田块采取轮作。

(3) 生物防治。芽孢杆菌属和假单胞属细菌的某些种能有效地抑制大丽轮枝菌生长。

(4) 化学防治。植物疫苗渝峰 99 植保、激活蛋白、氨基寡糖素单独使用及与植物生长调节剂缩节胺混合使用,对棉花黄萎病的防治有较好的效果。

图 4.35　棉花黄萎病(源自中国农药网)

三、棉花立枯病

棉种萌发前侵染而造成烂种,萌发后未出土前被侵染而引起烂芽。棉苗出土后受害,初期在近土面基部产生黄褐色病斑,病斑逐渐扩展包围整个基部呈明显缢缩,病苗萎蔫倒伏枯死(图 4.36)。拔起病苗,茎基部以下的皮层均遗留土壤中,仅存尖纫的鼠尾状木质部。子叶受害后,多在子叶中部产生黄褐色不规则形病斑,常脱落穿孔。此病发生后常导致棉苗成片死亡。在病苗、死苗的茎基部及周围、土面常见到白色稀疏菌丝体。

图 4.36　棉花立枯病(源自中国农业网)

防治措施:棉种处理播种前必须精选高质量棉种,经硫酸脱绒,以消灭表面的各种病菌,汰除小籽、瘪粒、杂籽及虫蛀籽,再进行晒种 30～60h,以提高种子发芽率及发芽势,增强棉苗抗病力。

(1) 合理轮作、深耕改土。合理轮作能减少土壤中病原菌积累,可减轻发病。

(2) 适期播种、育苗移栽。在不误农时的前提下,适期播种,可减轻发病。

(3) 施足基肥、合理追肥。棉田增施有机肥,促进棉苗生长健壮,提高抗病力,能抑制病原菌侵染棉苗。

(4) 加强田间管理。出苗后应早中耕,一般在出苗 70%左右要进行中耕松土,使土壤疏松,以提高土温,降低土湿,通气良好,有利于棉苗根系发育,抑制根部发病。阴雨天多时,及时开沟排水防渍。加强治虫,及时间苗,将病苗、死苗集中烧毁,以减少田间病菌传染。

(5) 药剂防治。每 $15m^2$ 用 50%多菌灵 0.25kg 或 65%敌克松 0.2kg 处理钵土;下种后在种子上面和种子上覆土后,分两次用五氯硝基苯毒土撒施,每 $15m^2$ 苗床用 50～100g。

待子叶平展后，可喷保护性药剂 1∶1∶200 波尔多液；也可用 50%多菌灵可湿性粉剂 600 倍、70%百菌清可湿性粉剂 600～800 倍、25%炭特灵可湿性粉剂 500 倍、65%敌克松 800 倍、恶霉灵 5g+代锰锌 15g+杜邦克露 10g+营养肥进行喷药防治。

第十一节　棉花常见虫害及防治

一、棉铃虫

棉铃虫又名钻桃虫、钻心虫等，属鳞翅目夜蛾科。该虫为世界性棉花害虫，我国各棉区均有分布和危害。在棉花上除直接取食营养器官外，主要危害蕾、花和铃，一头幼虫一生可危害 5～22 个蕾铃，对棉花产量影响极大。

棉铃虫是昆虫纲鳞翅目夜蛾科的害虫(图 4.37)。一生有 4 个虫态，包括卵、蛹、幼虫、成虫，主要以幼虫危害棉花等多种农作物，是经济作物和粮食作物的重要害虫之一。以老熟幼虫入土化蛹。各虫态都有其重要的识别特征。

图 4.37　棉铃虫(源自中国农药网)

防治措施有以下几种。

1. 农业防治

结合种植业结构的调整，实行棉花集中连片种植，尽可能减少棉花与其他作物的插花种植，减少棉田内间、套种作物的面积和种类。

冬闲地要及时冬耕春翻，以降低棉铃虫越冬蛹的成活率。结合棉花的栽培管理，及时除去棉花的空枝、叶枝，摘去棉株顶心、边心，抹去赘芽等，可除去部分幼虫和卵。

有针对性地使用助壮素，调控棉花的株高。一方面减少田间施药操作难度，提高施药质量和防治效果；另一方面直接降低田间虫、卵量，减轻危害。

2. 物理机械防治

在各代盛蛾期内，用杀虫灯、杨柳树把、棉铃虫性引诱剂等诱杀成虫，降低棉铃虫田间落卵量和卵的孵化率。在各代的后期，捕捉田间棉铃虫的幼虫，既减轻当代的危害，还可降低下一代的发生基数。

3. 化学防治

(1) 防治指标：抗虫棉以幼虫为标准，即百株低龄幼虫十条。

(2) 药剂及使用方法：选用 5%氟铃脲乳油或 5%氟啶脲乳油 1500 倍液、40%毒死蜱乳油 1000 倍液、20%丙溴磷乳油 800～1000 倍液、1%甲氨基阿维菌素苯甲酸盐微乳剂

1000 倍液、50%辛硫磷乳油 1000～1500 倍液或棉铃虫核型多角体病毒等喷雾。

二、棉蚜

棉蚜是蚜科蚜属的一种昆虫，俗称腻虫(图 4.38)，为世界性棉花害虫。中国各棉区都有发生，是棉花苗期的重要害虫之一。它的寄主植物有石榴、花椒、木槿、鼠李属、棉、瓜类等。

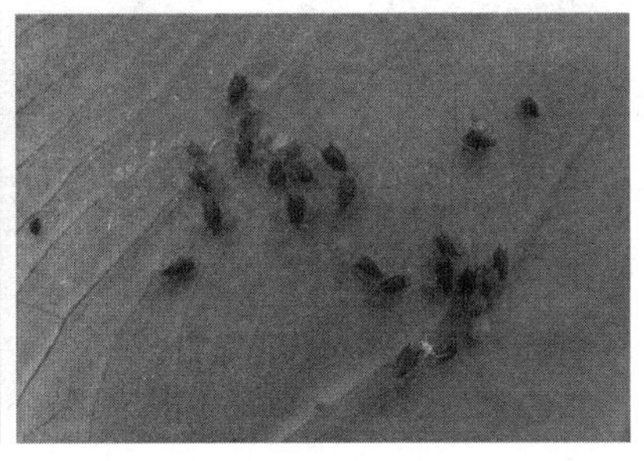

图 4.38　棉蚜(源自中国农药网)

棉蚜以刺吸式口器在棉叶背面和嫩头部分吸食汁液，使棉叶畸形生长，向背面卷缩。叶表有蚜虫排泄的蜜露(油腻)并滋生霉菌。棉花受害后植株矮小、叶片变小、叶数减根系缩短、现蕾推迟、蕾铃数减少、吐絮延迟。

防治措施有以下两种。

1. 农业防治

(1) 清除越冬虫源。

(2) 诱杀蚜虫。

(3) 实行棉麦套种，棉田中播种或地边点种春玉米、高粱、油菜等，招引天敌控制棉田蚜虫。

(4) 防治药剂拌种：可用 3%呋喃丹颗粒剂 20kg 拌 100kg 棉籽，再堆闷 4～5h 后播种；也可用 10%吡虫啉有效成分 50～60g 拌棉种 100kg，对棉蚜、棉卷叶螟防效较好。

2. 化学防治

(1) 药液滴心。40%久效磷乳油或 50%甲胺磷乳油、40%氧化乐果乳油 150～200 倍液，每亩用兑好的药液 1～1.5kg，用喷雾器在棉苗顶心 3～5cm 高处滴心 1s，使药液似雪花盖顶状喷滴在棉苗顶心上即可。

(2) 药液涂茎。40%久效磷或 50%甲胺磷乳油 20mL，田菁胶粉 1g 或聚乙烯醇 2g，兑水 100mL 搅匀，于成株期把药液涂在棉茎的红绿交界处，不必重涂，不要环涂。

(3) 喷雾防治。苗蚜三片真叶前，卷叶株率 5%～10%，四片真叶后卷叶株率 10%～20%，伏蚜卷叶株率 5%～10%或平均单株顶部、中部、下部三叶蚜量 150～200 头，及时喷药防治。药剂可选用 40%毒死蜱乳油、4.5%高效氯氟氰菊酯、22%噻虫高氯氟微囊悬浮剂、30%氰戊辛硫磷等进行喷雾防治。

三、棉叶螨

棉叶螨又称为棉红蜘蛛(图 4.39)，是危害棉花的叶螨的统称，除棉花外也危害豆类、玉米、高粱等作物，包括朱砂叶螨、截形叶螨、二斑叶螨等。朱砂叶螨属蜱螨目叶螨科。

若螨、成螨群聚于叶背吸取汁液，使叶片呈灰白色或枯黄色细斑，红叶和落叶等特征，严重时叶片干枯脱落，并在叶上吐丝结网，严重地影响植物生长发育，它在棉花整个生长发育期都有可能危害。

棉叶螨

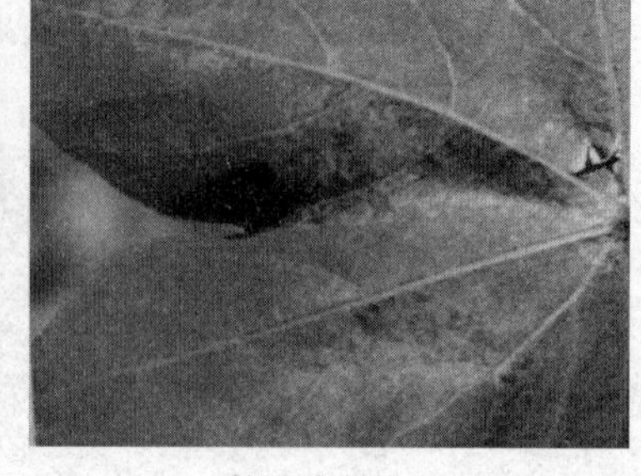
棉叶被害状

图 4.39 棉叶螨(源自中国农药网)

棉叶受害初期叶正面出现黄白色斑点，3～5 天以后斑点面积扩大，斑点加密，叶片开始出现红褐色斑块(单是截型叶螨危害，只有黄色斑点，叶片不红)。随着危害加重，棉叶卷曲，最后脱落，受害严重的，棉株矮小，叶片稀少甚至光秆，棉铃明显减少，发育不良。

防治措施：主要以农业防治为基础，它可以减少虫源，恶化害虫的生活环境，压低虫口基数，以减轻发生程度。土壤耕作层是棉叶螨越冬的主要场所之一，通过秋耕冬灌，破坏其栖息环境，减少越冬基数。轮作倒茬，合理布局，做好清洁田园，清除田间、地边杂草等工作。加强田间管理，合理施用氮、磷、钾肥，并进行有机肥结合微肥的叶面施肥，增强棉株的抗性，以减轻危害。早春做好田边地头周围杂草上害螨的调查，及时喷打保护带。

1. 化学防治

当棉田有螨株率达 3%～5%时应进行防治。发现一株打一圈，发现一点打一片，应选用专用杀螨剂，选择在露水干后或者傍晚时进行防治，增强药效，提高杀螨效果，同时要均匀喷洒到叶子背面，做到大田不留病株，病株不留病叶。为了防止棉叶螨产生抗药性，要搭配使用扫螨净、猛杀螨等杀螨剂。还可推广使用“阿维菌素”来防治棉叶螨，“阿维菌素”由于可正面施药，达到反面死虫的效果，防治起来更简单易行，且防治期长，效果稳定。

2. 种子处理

(1) 用 75%或 60% 3911 乳油拌种，药量为种子量的 0.8%～1%。

(2) 喷雾防治：在棉叶螨点片发生时，及时采取措施进行点片药剂喷雾防治，控制害螨进一步蔓延和危害，喷雾时应使用专用杀螨剂，先喷外围，逐渐向内圈喷施。可选药剂有 73%克螨特乳油 2000 倍液、1.8%阿维菌素乳油 2000 倍液、28%哈螨 2500～3500 倍液或 10%哒四嗪悬浮剂 1000～1500 倍液等。

四、棉盲蝽

棉盲蝽是棉花上的主要害虫(图 4.40)，在我国棉区危害棉花的盲蝽有五种，即绿盲蝽、苜蓿盲蝽、中黑盲蝽、三点盲蝽、牧草盲蝽。其中，绿盲蝽分布最广，南北均有分布，且具有一定数量，中黑盲蝽和苜蓿盲蝽分布于长江流域以北的省份；而三点盲蝽和牧草盲蝽分布于

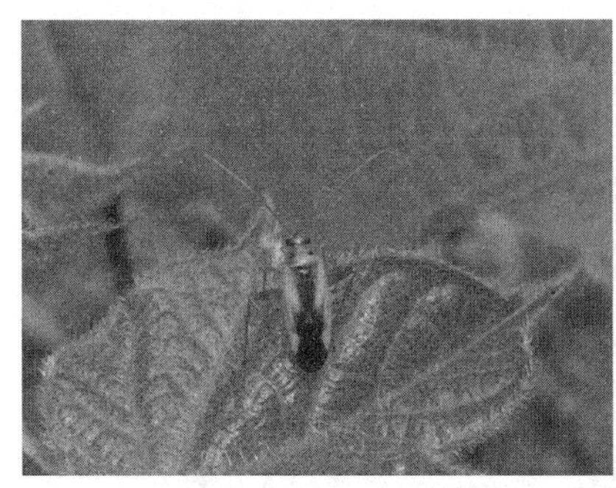

图 4.40　棉盲蝽及其危害症状(源自中国农药网)

华北、西北和辽宁。

棉盲蝽以成虫、若虫刺吸棉株汁液，造成蕾铃大量脱落、破头叶和枝叶丛生。棉株不同生育期被害后表现不同，子叶期被害，表现为枯顶；真叶期顶芽被刺伤则出现破头疯；幼叶被害则形成破叶疯；幼蕾被害则由黄变黑，2～3 天后脱落；中型蕾被害则形成张口蕾，不久即脱落；幼铃被害伤口呈水渍状斑点，重则僵化脱落；顶心或旁心受害，形成扫帚棉。

防治措施：3 月以前结合积肥除去田埂、路边和坟地的杂草，消灭越冬卵，减少早春虫口基数，收割绿肥不留残茬，翻耕绿肥时全部埋入地下，减少向棉田转移的虫量。科学合理施肥，控制棉花旺长，减轻盲蝽的危害。

棉盲蝽的抗药性弱，一般在 6—7 月初，可以用药剂防治，适用的药剂有：20%林丹可湿性粉剂稀释 800 倍；2.5%溴氰菊酯乳油稀释 3000 倍；20%氰戊菊酯乳油稀释 3000 倍；50%对硫磷乳油稀释 2000 倍喷雾。

要每隔 5～7 天喷一遍药，并做到以上药物交替使用，以提高防治效果。6 月上旬棉盲蝽进入危害盛期，应连续喷药 2～3 次。

课后题

1. 简述小麦常见的病害。
2. 简述小麦常见的虫害及常见杂草。
3. 小麦农田防治杂草的方法有哪些?
4. 简述水稻常见的病害。
5. 简述水稻常见的虫害及常见杂草。
6. 水稻农田防治杂草的方法有哪些?
7. 简述玉米黏虫的防治方法。

第五章

植保教学无人机系统与组装

第一节　植保教学无人机介绍

本章所介绍的无人机是一款四旋翼植保教学无人机(图 5.1)。本款无人机维护方便、高效安全、操作简单,适合于多类农作物的飞防作业任务,同时也是一款非常适合职业院校无人机专业教学的训练设备,适用于无人机专业植保课程教学、无人机飞行技术等课程(表 5.1)。

图 5.1　植保教学无人机

表 5.1　植保教学无人机

参　数	数　据	参　数	数　据
轴距	1172mm	药箱容量	6L
电机	6215	供电电压	12V
展开尺寸	23～24 寸折叠桨	机架重量	4.8kg
折叠尺寸	605mm×640mm×475mm	最大起飞重量	17.4kg
电调	60～80A		

四旋翼教学植保无人机零部件展示图如图 5.2 所示，产品配置如图 5.3 所示。

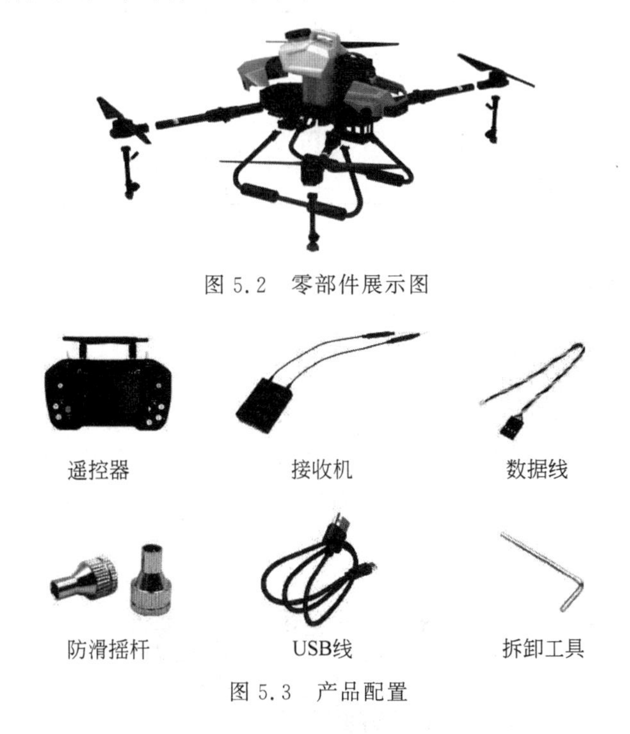

图 5.2　零部件展示图

图 5.3　产品配置

一、遥控器

遥控器界面如图 5.4 所示，遥控器参数见表 5.2。

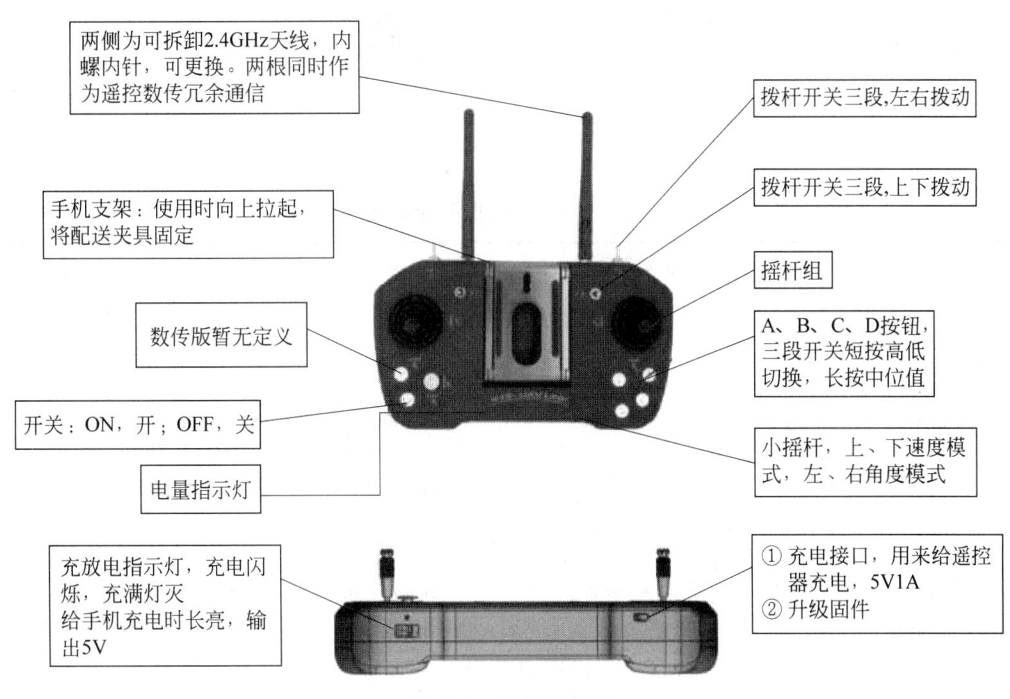

图 5.4　遥控器界面

表 5.2 遥控器参数

性　　能	数　　据	性　　能	数　　据
拓展性	支持 SBUS PWM	遥控距离	5～7km
频率	2.4GHz	内置电池容量	4000mA・h
通信技术	FHSS 跳频扩频	通道数	12 通道
数传功率	100mW	续航时间	30h

二、喷洒系统

（一）水泵

喷洒系统是植保无人机至关重要的任务设备（图 5.5），它性能的好坏直接影响植保效果的好坏。此款教学设备采用的是压力泵＋压力喷头的组合方式，压力泵＋压力喷头的组合方式为大多数植保无人机所采用，这类喷洒系统依靠微型隔膜泵（压力泵的一种，见表 5.3）吸取药箱中的药液，加压产生高压药液，最后通过压力喷头将药液雾化喷出。

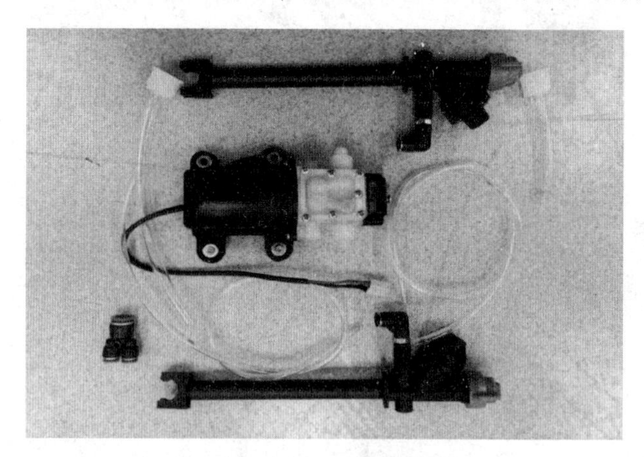

图 5.5 植保无人机喷洒系统

表 5.3 直流隔膜水泵参数

名称	直流隔膜水泵	流量	2.85L/min
电压	24V	电流	1.6A
功率	35W	最大压力	0.64MPa
使用注意事项	① 不可以在水中浸泡 ② 压力调整螺钉不可以随意调整，如果随意调整，容易调大回流的压力，造成憋爆出水管 ③ 进水口必须安装过滤装置，不能进入杂质；否则，容易堵塞水泵，造成压力降低甚至不出水		
故障排除	① 有电，水泵不转动。检查电机后面的电线是否脱落 ② 水泵转动，喷水，但是雾量小，压力降低。打开水泵，检查泵腔内是否有杂物堵塞。电机支架是否松动，拧紧螺钉。注意，进、出水阀门不可装反 ③ 水泵使用几年以后，压力降低，喷雾量小。打开水泵，拧紧电机支架螺钉；将腔体内的小膜片上、下调换方向，或者更换小膜片		

（二）喷头

喷头如图 5.6 所示，喷头参数见表 5.4。70 目滤网如图 5.7 所示。

图 5.6　压力式喷头

表 5.4　喷头参数

产品名称	喷头	滤网	70 目滤网
喷嘴	VP110-015	水管外径	6mm

图 5.7　70 目滤网

第二节　植保教学无人机组装

一、部件认识

植保无人机各部件如图 5.8 所示。

二、机身组装

（一）脚架组装

（1）首先将机身翻转，如图 5.9 所示。

（2）然后将脚架固定座安装在脚架上，如图 5.10 所示。

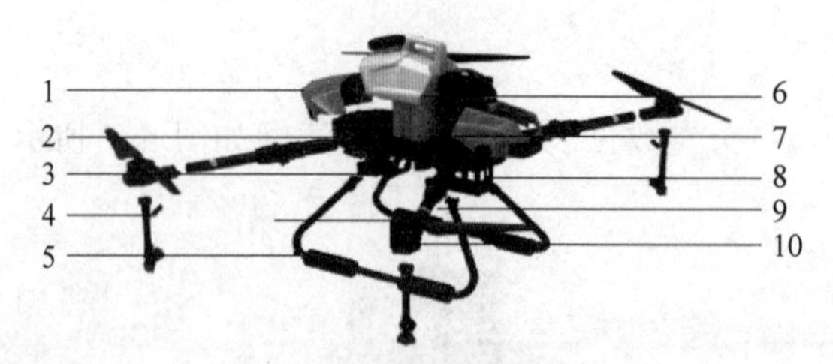

图 5.8　植保无人机各部件

1—前面罩；2—机身；3—水泵及仿地雷达支架；4—加长杆喷头(硅胶版)；5—脚架；6—6L 快拆药箱；7—后面罩；8—电池仓；9—折叠机臂；10—X6 动力套装

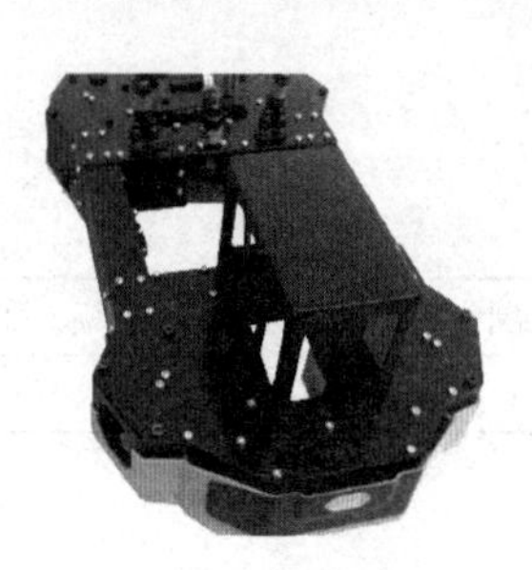

图 5.9　翻转机身

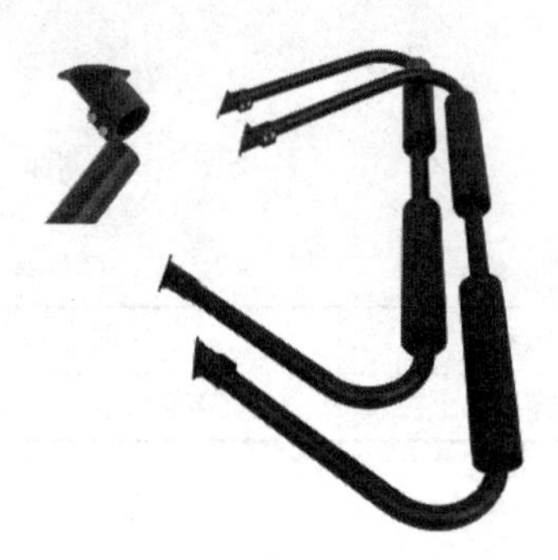

图 5.10　安装脚架固定座

(3) 将脚架对准机身底部固定位置,如图 5.11 所示。

图 5.11　脚架对准机身

(4) 安装 M3×8 螺钉,再将机身翻转,如图 5.12 所示。

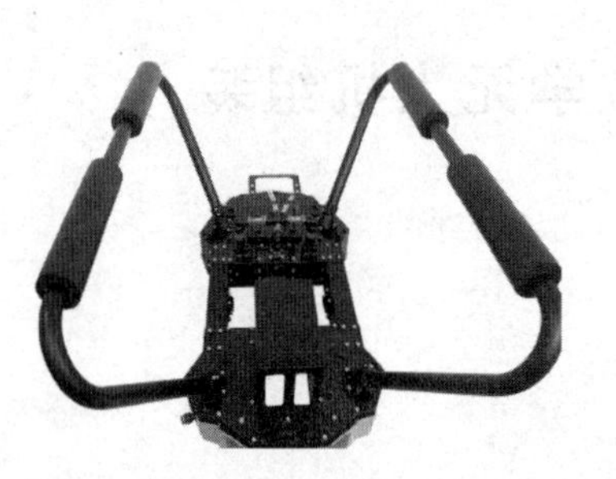

图 5.12　安装 M3×8 螺钉

(二) 机臂安装

机臂安装需先拆卸机身部分零件。注意拆下来的零件所在位置,方便后面复原。

(1) 拆除前面罩,如图 5.13 所示。

(2) 拆除后面罩,如图 5.14 所示。

图 5.13　拆除前面罩

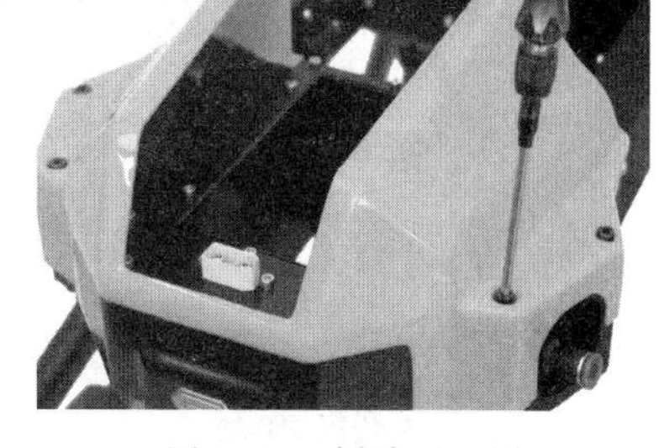

图 5.14　拆除后面罩

(3) 拆除上碳板,如图 5.15 所示。

(4) 拆除电池框,如图 5.16 所示。

图 5.15　拆除上碳板

图 5.16　拆除电池框

安装机臂时需注意折叠方向,要将水管预留孔朝下。

(1) 将机臂穿过机臂管夹,抵到限位螺钉后锁紧,如图 5.17 所示。

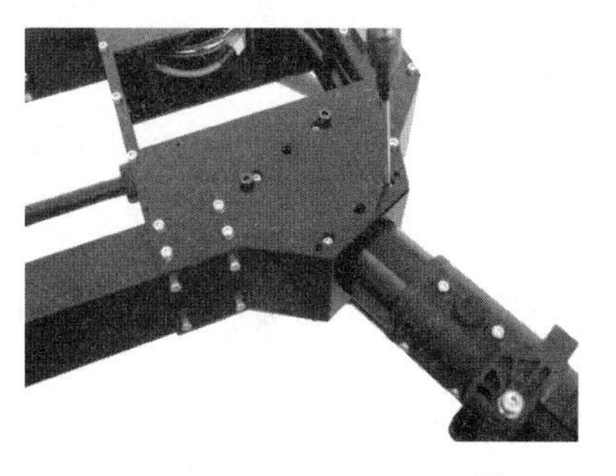

图 5.17　机臂穿过管夹

(2) 按折叠方向将机臂安装在机身上,用机身自带 M3×10 螺钉固定,如图 5.18 所示。

(3) 将四个机臂安装在机身上,如图 5.19 所示。

(三) 动力安装

(1) 将电机线束套入蛇皮网管中,焊接 XT60 公头(图 5.20),注意区分正负极(建议使用 10mm 热缩管缩紧蛇皮网管两端,避免蛇皮网管分叉)。

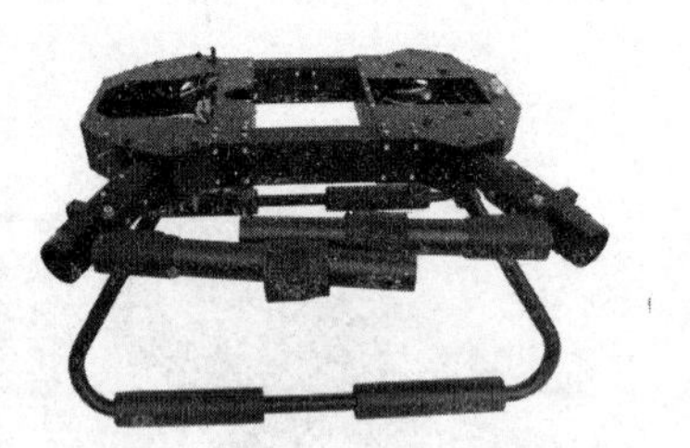

图 5.18 用 M3×10 螺钉固定

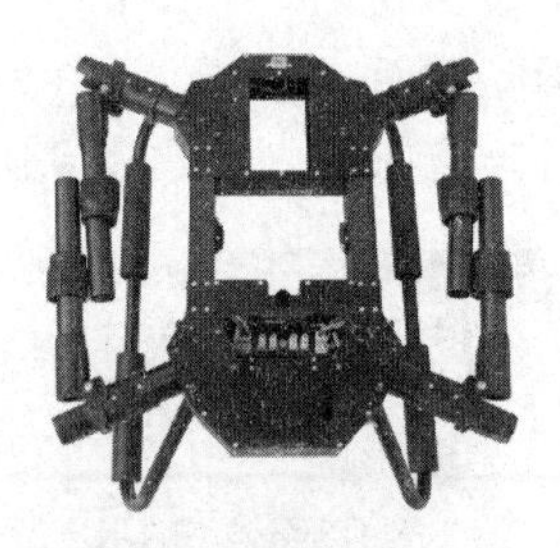

图 5.19 机臂安装完成

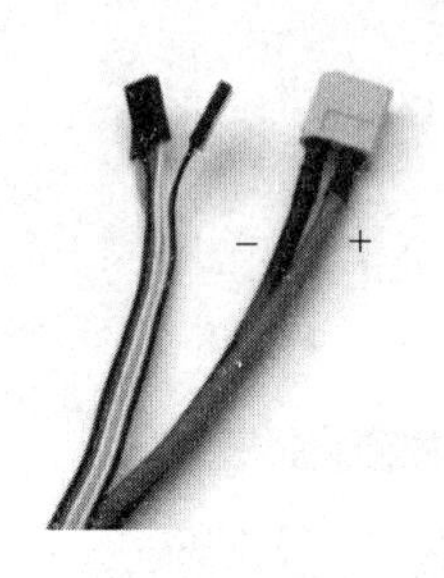

图 5.20 焊接插头

(2) 参照机头方向依次安装动力(图 5.21),将电机线束穿过机臂,插入预留动力电源线中。注意分清 CW/CCW 电机。

注意:电池仓为机尾方向。

图 5.21 安装电机

(四) 喷洒安装

(1) 使用 M3×16 螺钉固定加长喷杆头(图 5.22),将 X6 电机座垫片垫在电机座下方,拧紧两颗 M3×16 螺钉。

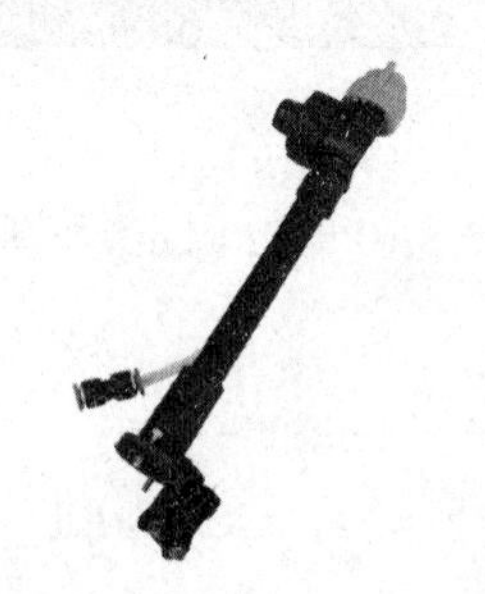

图 5.22 安装喷杆头

(2) 使用 6mm 水管连接加长喷杆头,另一端连接机身内置 6-6 气动头,如图 5.23 所示。

图 5.23　连接喷洒管路

第六章

植保教学无人机调试

第一节　飞控端口介绍

飞控端口结构如图 6.1 所示,其定义见表 6.1。整体连接如图 6.2 所示。

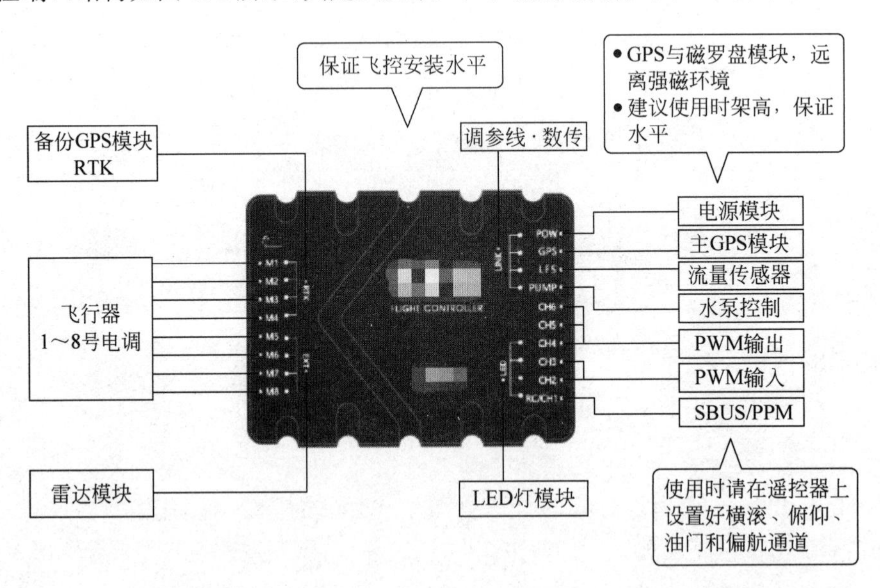

图 6.1　K3A 飞控端口结构

表 6.1　K3A 飞控端口定义

端口	说　　明	端口	说　　明
M1	连接 1 号电调	POW	连接电源模块
M2	连接 2 号电调	GPS	连接 GPS 模块
M3	连接 3 号电调	LFS	连接流量传感器
M4	连接 4 号电调	PUMP	水泵控制
M5	连接 5 号电调	CH6	连接第二水泵
M6	连接 6 号电调	CH5	PWM 输出，由 OUT2 控制
M7	连接 7 号电调	CH4	PWM 输出，由 OUT1 控制
M8	连接 8 号电调	CH3	连接开关液位计
RTK	连接备份 GPS 模块/RTK	CH2	连接百分比液位计
EXT	连接雷达	RC/CH1	连接 PPM/SBUS 接收机
		LINK	连接调参、升级或数传
		LED	连接 LED 三色灯模块

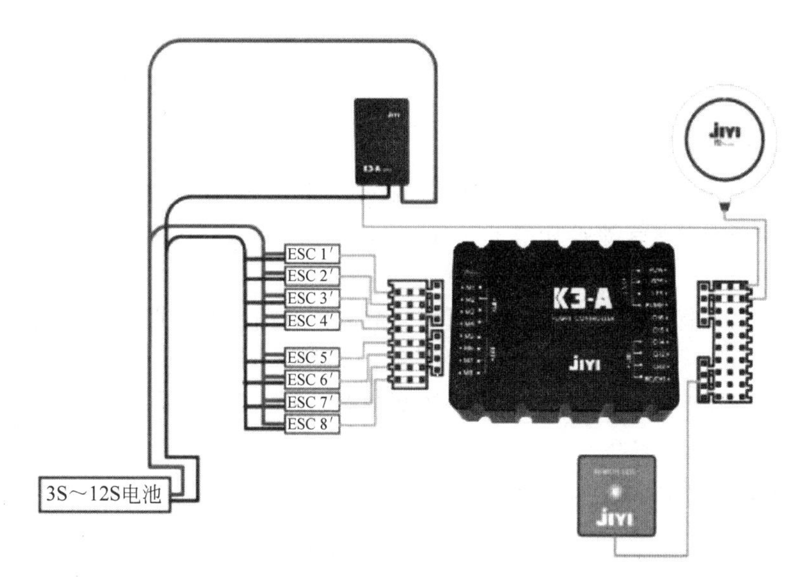

图 6.2　整体连接

第二节　主 控 安 装

一、安装方向要求

如图 6.3 所示，选择安装方向，并在 K3A 调参软件中选择“基础”→“安装”，并在“IMU 方向”界面中选择相应配置(箭头方向代表机头朝向)。

二、安装位置要求

(1) 需要正面朝上，不能倒置，尽量保持与机身平行。

(2) 为了获得最佳的飞行效果，建议将飞控水平安装在飞行器的重心位置。若飞控安装位置不在飞行器重心，应在K3A调参软件中选择“基础”→“安装”，在“安装位置”界面中按要求填写相应的安装距离。飞控已经做好内部减振，尽量使用硬质的3M胶对飞控进行固定。

1. GPS模块安装

如图6.4所示，选择安装方向，并在K3A调参软件中选择“基础”→“安装”，在“GPS方向”界面中选择相应配置(箭头方向代表机头朝向)。

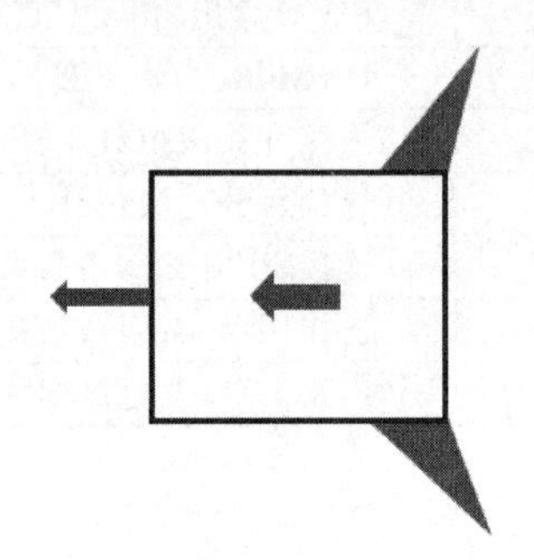

图6.3 飞控安装方向

图6.4 GPS安装要求

2. 安装位置要求

(1) 尽可能架高GPS模块。注意远离电调、动力电线、电机。

(2) 尽量保证在开阔无遮挡环境下飞行。

(3) 尽量避免在磁干扰环境下飞行。

(4) 请勿将强磁物质靠近罗盘，否则可能会导致罗盘的永久性损坏。

第三节 软件调试

一、飞控驱动以及调参软件安装

(1) 打开计算机，访问JIYI官方网站(http://www.jiyiuav.com)，在网站下载专区下载驱动程序和调参软件。

(2) 运行驱动程序和调参软件的安装程序，根据提示完成安装。

(3) 安装完成后，打开调参软件，如图6.5所示。

二、连接飞控

(1) 将调参线接入飞控“COM1”接口，另一端接入计算机，正确安装好驱动程序后，打开计算机设备管理器，可以找到飞控的串口号(图6.6)。

(2) 安装完后需连接计算机USB接通飞控，下载驱动程序“驱动精灵”或“驱动人生”，安装其他缺少的驱动插件(图6.7)。

(3) 在调参软件中选择正确的串口号，单击连接按钮(图6.8)。

图 6.5　安装完成后的界面

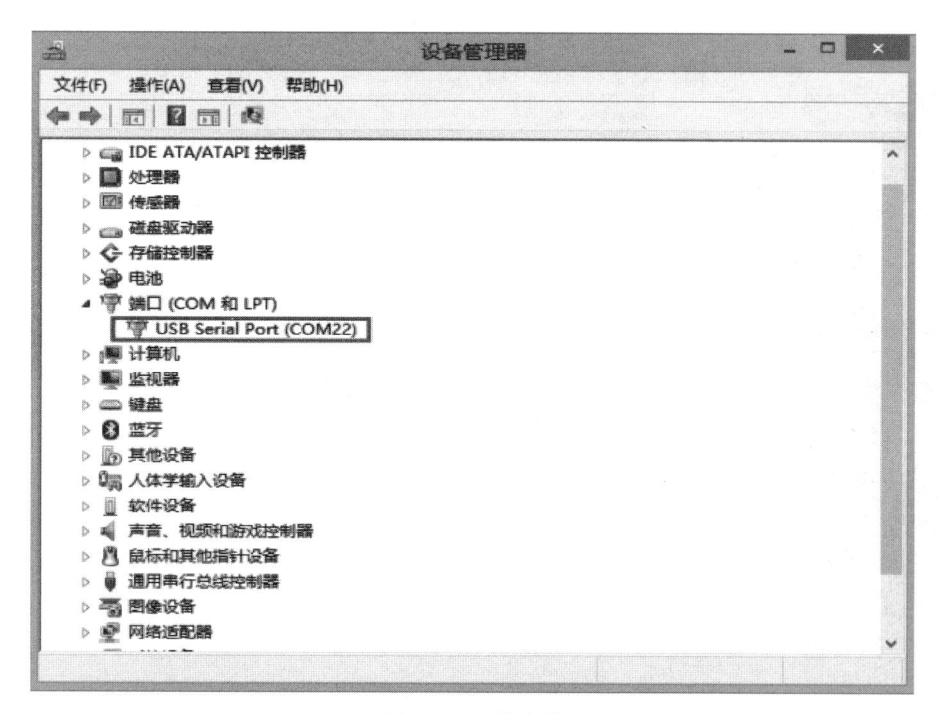

图 6.6　飞控连接

图 6.7　安装驱动

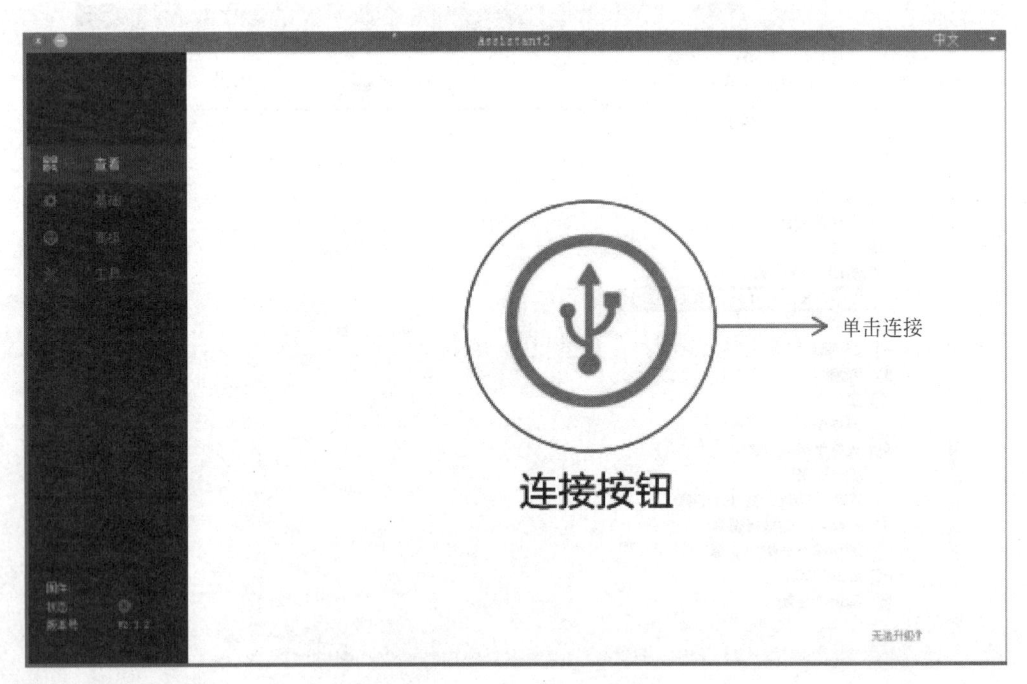

图 6.8　单击连接按钮

三、调参界面简介

调参界面如图 6.9 所示。

图 6.9　调参界面

1. 基础调试步骤

飞控首次安装至飞行器，需要使用调参软件进行以下基础调试步骤后才可以正常飞行。

注意：每项参数调试后，务必单击右上角的“写入”按钮，否则数据将不会被记录。

2. 飞行器类型选择

图 6.10 所示界面用于选择飞行器的机架类型，同时对电机顺序和转向进行测试，确保电机安装无误。

3. 电机测试功能

选择好机架类型后，单击“电机测试”按钮，进入电机测试功能界面。使用该功能时，需连接动力电池，并将螺旋桨卸下。

单击后相应的电机会轻微怠速旋转，需确保电机序号、转向和示意图保持一致，然后单击后退出电机测试。

4. 安装设置

图 6.11 所示界面用于设置飞控安装方向和 GPS 安装方向，同时对飞控和 GPS 的安装位置进行补偿，以达到更好的飞行效果。

5. 安装界面帮助说明

(1) IMU 方向选择，即飞控安装方向选择，需要根据飞控实际的安装位置选择正确的安装方向。错误的选择可能会导致严重的飞行事故。

(2) GPS 方向选择，需要根据 GPS 实际安装位置选择正确的安装方向。错误的选择会

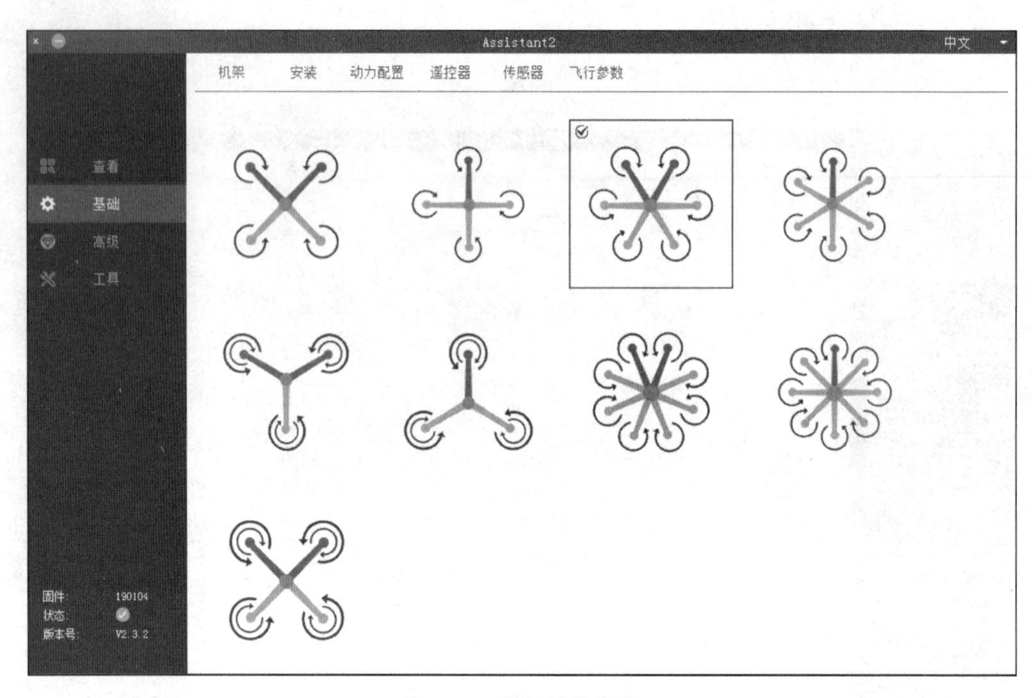

图 6.10　机架选择类型

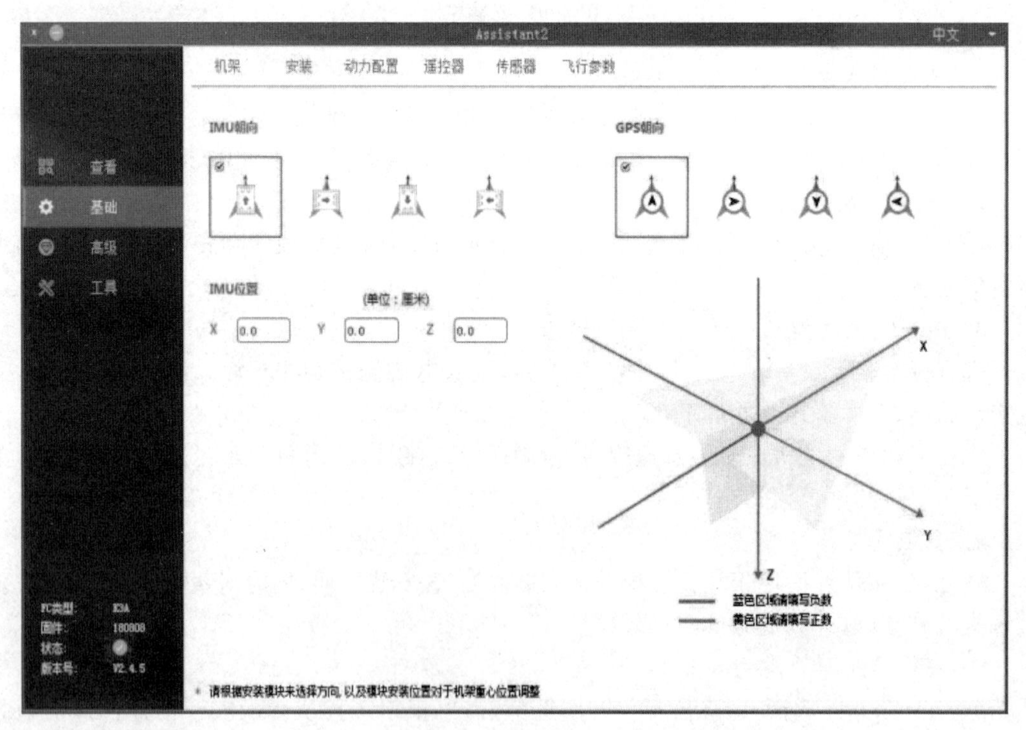

图 6.11　设置飞控安装方向和 GPS 安装方向

导致严重的飞行事故。

注意：*使用双 GPS 模块时要保证两个 GPS 模块的安装方向一致。*

(3) 安装位置说明，针对对飞行性能要求较高的用户，普通用户可以不用设置。

(4) IMU 安装位置补偿，根据说明，正确输入 IMU 的安装位置。

注意：*偏差不是特别大则不需要填写。*

(5) GPS 安装位置补偿，根据说明正确输入 GPS 的安装位置。

四、动力配置

图 6.12 所示界面用于设置飞控感度，包括基础感度和控制感度，确保飞行器达到理想的飞行状态和控制手感。

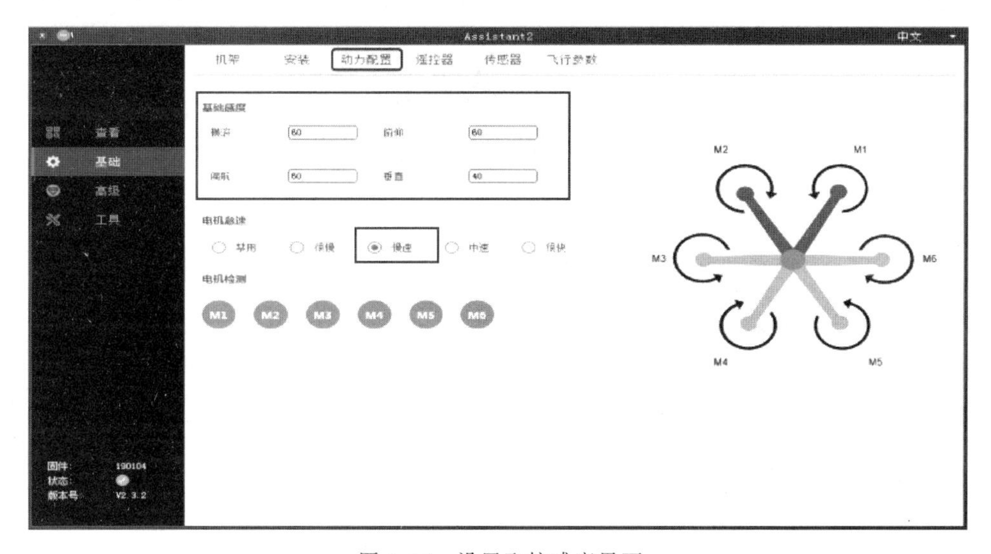

图 6.12　设置飞控感度界面

1. 感度界面帮助说明

基础感度主要用于调节适应机架，设置范围为 0～100%，基础感度过高会导致飞机姿态出现振荡，过低会导致飞行器稳定性和操纵感变差。控制感度越大动作响应越快，感度太高会导致姿态控制过于僵硬，感度太低会导致姿态控制过于柔和，建议较小的机架使用大的控制感度，较大的机架使用较小的控制感度，以获得更好的飞行体验。

2. 基础感度建议调节方法

(1) 感度每次增大 10%，直到飞行器出现抖动。

(2) 出现抖动后再适当减小感度，直到飞行器可以正常飞行。

(3) 根据轴距参考基础感度(表 6.2)。

表 6.2　感度参考值

轴距/mm	横滚/%	俯仰/%	偏航/%
450	50	50	50
600	100	100	100
1000	200	200	200

第四节　遥控器设置

一、遥控器使用

1. 打开遥控器

遥控器如图 6.13 所示。

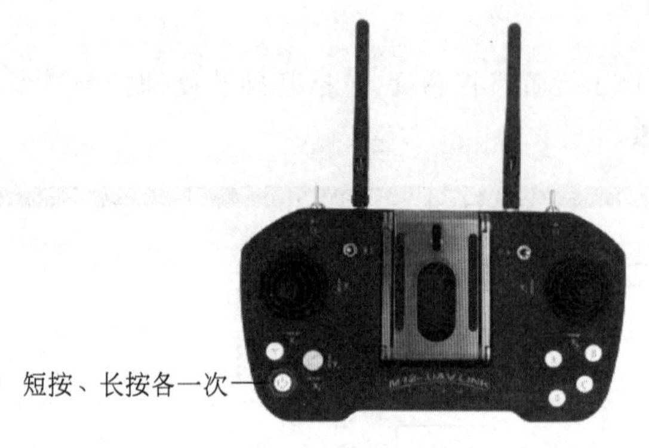

图 6.13　遥控器

2. 连接手机 App 调参

在手机下载设备助手 App(可到官方网站 http://www.fuav.xin 下载，目前仅支持安卓系统)，遥控开机(短按+长按)，手机到“系统设置”打开“蓝牙”搜索蓝牙，M12-XXX. 配对码是 1234。

打开设备助手 App，如图 6.14 所示。

图 6.14　设备助手

- 遥控调参：用来调整通道正反向、舵量，通道绑定、失控保护值。
- 其他选项：用于选择接收机 SBUS、PPM 输出以及数传波特率。
- 手型设置：用于纠正用中位点最大、最小值偏移，平时无须改动；否则可能导致舵量异常。
- 设备升级：用于在线更新固件。
- 连接方式：遥控器需用蓝牙，接收机选择 USB。

二、遥控器常见设置

1. 遥控器摇杆校准

图 6.15 所示界面用于设置遥控器的接收机类型、测试和校准遥控器通道、设置遥控器飞行模式以及失控保护。

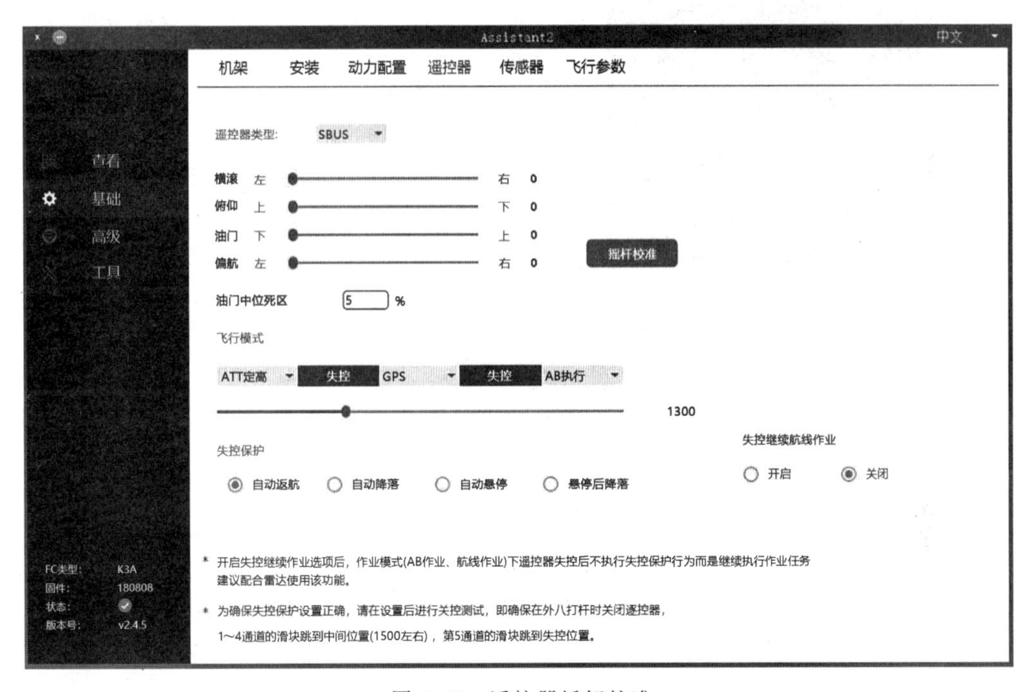

图 6.15　遥控器摇杆校准

接收机类型选择，K3A 支持 PPM 和 SBUS 两种接收机类型，选择正确的接收机类型后，可以在界面中看到遥控器每个通道的数据。

遥控器校准，单击“摇杆校准”按钮。打开遥控器设备，然后将遥控器摇杆在最大和最小位置来回拨动，确认 1～4 通道，分别为 1 通道横滚、2 通道俯仰、3 通道油门、4 通道偏航。各通道最大和最小位置校准好之后，把 1～4 通道恢复到中间位置，然后单击“校准结束”按钮。

注意事项如下。

(1) 首次使用或更换遥控器时必须进行遥控器校准。

(2) 需把遥控器设置为固定翼模式或多旋翼模式，并关闭混控。

(3) 需确保遥控器的摇杆移动方向与软件中文字提示方向一致，如果不一致应对相反的通道做反向调整(具体反向操作可参照遥控器说明书)。

2. 遥控器失控保护设置

遥控调参，进入遥控调参界面。App会读取遥控器和接收机的当前数值，如图6.16所示。

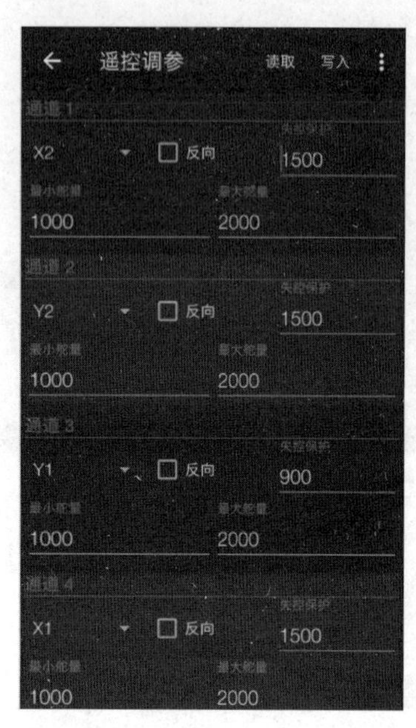

例如：

通道1，绑定的是X2，无反向，失控保护值是1500，最小舵量是1000，最大舵量是2000

通道2，绑定的是Y2，无反向，失控保护值是1500，最小舵量是1000，最大舵量是2000

通道3，绑定的是Y1，无反向，失控保护值是900，最小舵量是1000，最大舵量是2000

通道4，绑定的是X1，无反向，失控保护值是1500，最小舵量是1000，最大舵量是2000

以此类推。最好将手机横屏，更加直观。如需调整，可跳入相关值，或者勾选即可

调整完毕检查无误，单击右上角的"写入"按钮，否则无法记录到遥控器

图6.16 遥控器失控保护设置

3. 飞行模式设置

在飞行模式设置框中选择每个挡位对应的飞行模式，需确保遥控器的每个挡位落入相应的范围内(表6.3)。

表6.3 设置遥控器失控保护范围值

通道	第一挡位	失控	第二挡位	失控	第三挡位
5通道输入	$p \leqslant 1200$	$1200 < p < 1400$	$1400 \leqslant p \leqslant 1600$	$1600 < p < 1800$	$p \geqslant 1800$

K3A可选的飞行模式包括姿态—增稳、姿态—定高、GPS—速度、GPS—角度、AB作业。

4. 失控设置

SBUS失控保护设置如下。

(1) 部分SBUS接收机自带失控保护，不用对失控保护进行设置，但要确保遥控器关闭时由飞行模式进入失控状态(图6.17)。

图6.17 失控保护设置

(2) 部分 SBUS 接收机无法自动进入失控保护,需要按 PPM 方法进行设置(图 6.18)。

说明:飞控进入失控保护后,将会触发自动返航。

第五节　加速度计校准

一、界面介绍

图 6.18 所示界面用于校准飞控 IMU,可以使用单面校准。

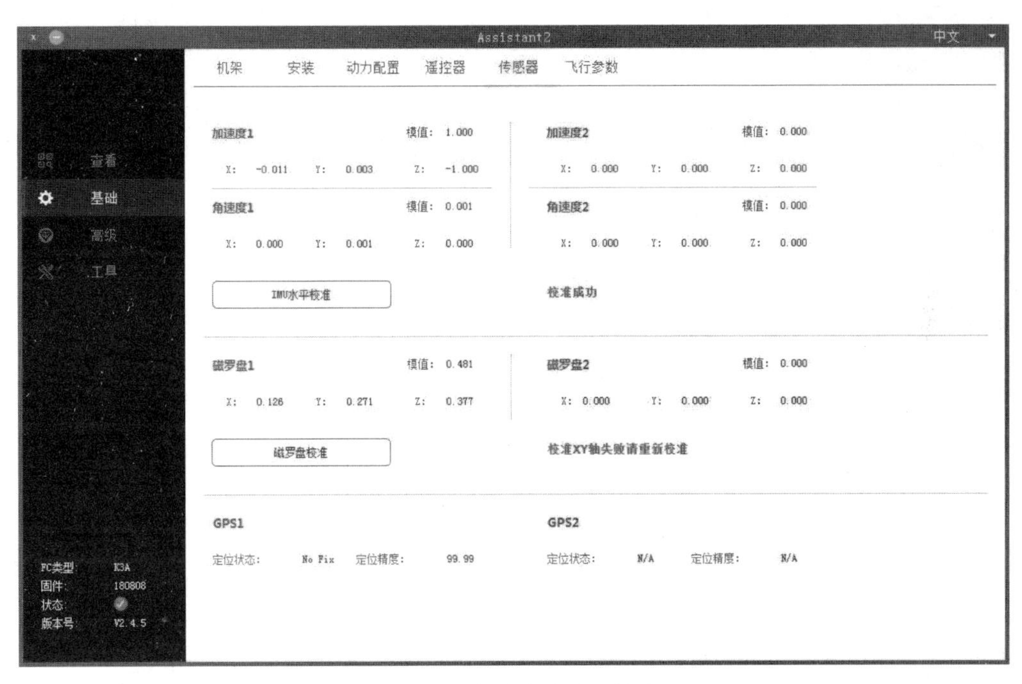

图 6.18　加速度计界面校准

加速度计界面帮助说明如下。

① 校准提示区域用于指导和提示用户加速度计的校准步骤。

② 单击“单面校准”按钮后开始校准。

特别提醒:

(1) 第一次使用飞控,用户必须校准加速度计。

(2) 若出现以下情形,须重新校准加速度计。

① 姿态增稳模式下飞行器起飞时倾斜幅度较大。

② 姿态增稳模式下悬停,在只控制油门杆的情况下,飞行器并不出现水平的缓慢飘移,而是倾斜的飘移。

二、校准方式介绍

1. 单面校准

单面校准精度一般,但操作方便,推荐使用。将飞机水平放置,单击“开始单面校准”按钮，3s 后完成校准(图 6.19)。若校准时机身放置倾斜角度较大或受到晃动，需要重新校准。

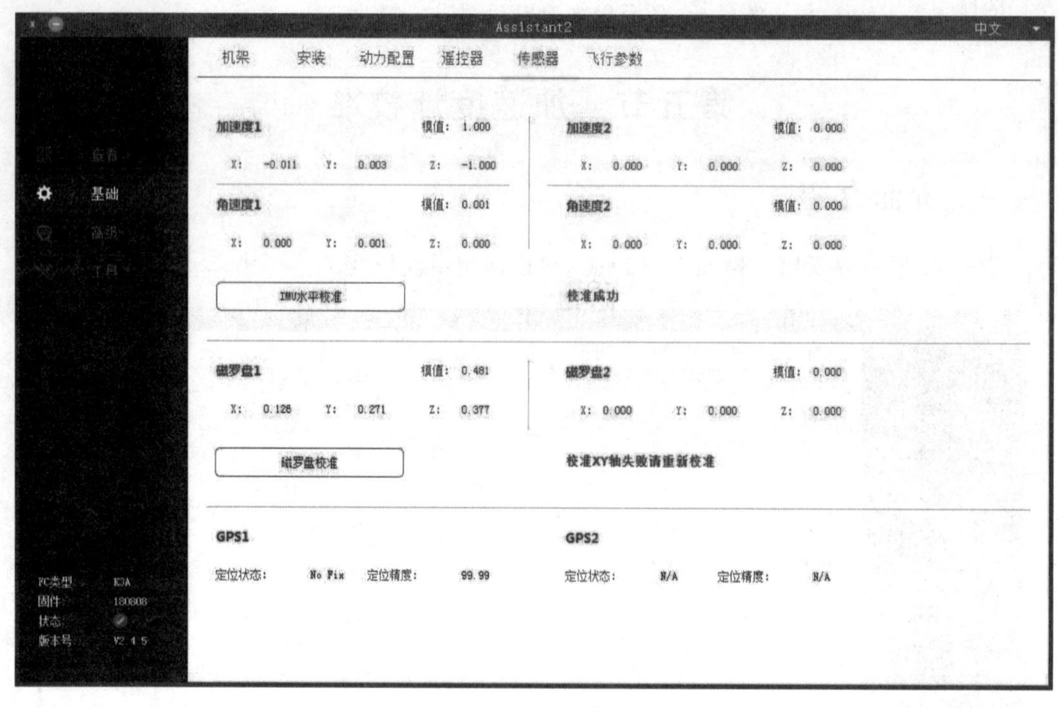

图 6.19 单面校准界面

2. 罗盘校准

图 6.20 所示界面用于校准磁罗盘，可以使用两面校准。

(1) 校准提示区域用于指导和提示用户罗盘的校准步骤。

(2) 单击“两面校准”按钮后开始两面校准。

(3) 单击“球面校准”按钮后开始球面校准。

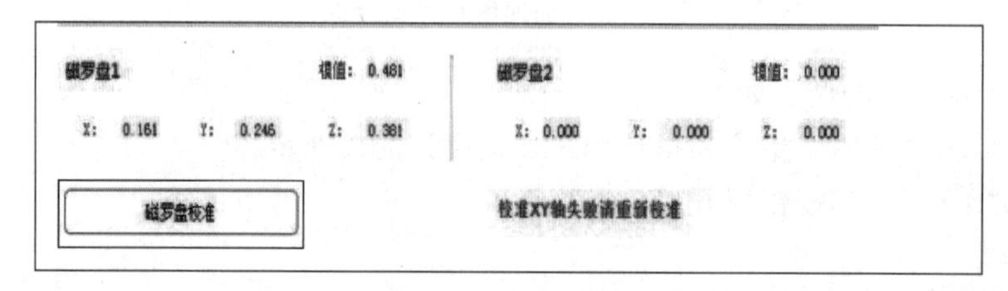

图 6.20 磁罗盘校准

3. 两面校准

两面校准精度一般，但操作方便，推荐使用。单击“开始两面校准”按钮，黄灯常亮，进入水平校准状态。此时将飞行器水平放置，重力方向为轴沿顺时针方向旋转直至 LED 绿灯常亮，进入垂直校准。此时，机头朝下，重力方向为轴旋转直到 LED 红、绿、黄灯交替闪烁，即完成校准(图 6.21)。

校准成功后，校准模式将自动退出，LED 灯正常闪烁。如果校准失败，LED 红灯将常亮 3s，需要重新校准。

校准磁罗盘需要注意以下两种情况。

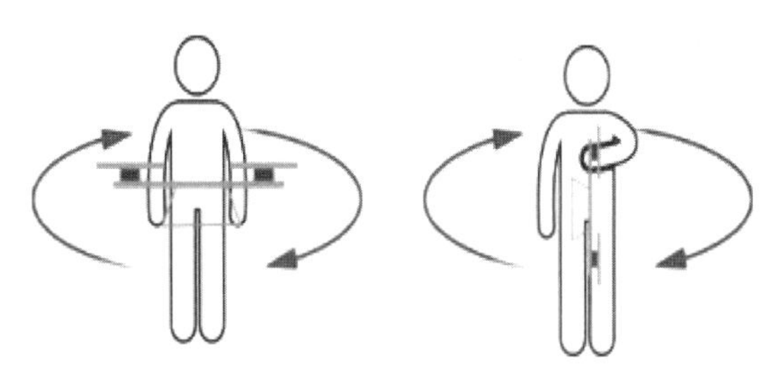

图 6.21　两面校准

(1) 飞行场地发生改变时,需校准磁罗盘。

(2) 校准前需检查附近是否有强磁场干扰。

第六节　高级功能

一、高级感度

高级感度设置如图 6.22 所示。

Assistant2　中文

查看　基础　高级　工具

高级感度　保护功能　水泵设置　液位计　植保功能　通道输出　围栏功能　拓展模块

控制感度

横滚/俯仰 60　偏航 60　垂直 60　航线 60

速度感度

水平 100

灵敏感度

姿态 1　刹车 1

性能取向

震动抑制　机动性能

* 俯仰横滚/偏航/垂直控制感度 - 用于调节飞行器飞行控制手感，受飞行器动力物理模型限制，数值越大控制响应越快，对飞行器动力要求也越高，手感越灵活。
* 航线控制感度 - 用于调节飞行器自动驾驶时航线加减速快慢，数值越大航线加减速越快，飞行器动作越大。
* 水平速度感度 - 水平速度控制增益，一般情况下不需要调节。
* 姿态灵敏感度 - 用于调整飞控对遥控器输入指令的响应快慢，数值越大飞行器对遥控器摇杆的跟踪速度越快。
* 刹车灵敏感度 - 刹车灵敏感度用于调节飞控自主刹车快慢，数值越大刹车距离越短，刹车动作也越大。
* 性能取向 - 飞行器如果出现明显抖动或电机输出噪声比较大时，可以调节性能取向偏向震动抑制，飞行器震动不大的情况下不推荐调节该参数。

固件: 190104
状态:
版本号: V2.3.2

图 6.22　高级感度设置

二、保护功能

K3A 飞控通过电源模块检测电池电压,提供低电压保护功能。图 6.23 所示界面用于设置飞控低电压保护功能、设置报警电压以及进行电压校准。

电压界面帮助说明如下。

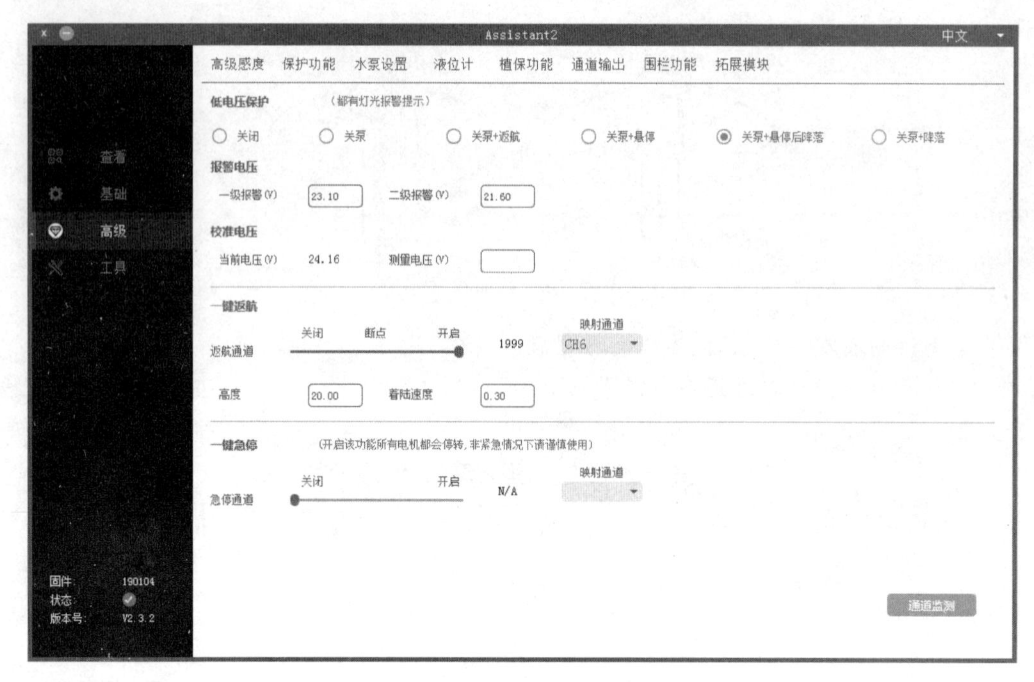

图 6.23 飞控低电压保护功能设置

1. 低压保护设置框

飞控提供五种低压保护的触发行为，即关泵＋灯光闪烁、关泵返航＋灯光闪烁、关泵悬停＋灯光闪烁、关泵悬停后降落＋灯光闪烁、关泵降落＋灯光闪烁，用户可以根据需求进行设置选择。

2. 报警电压设置框

设置一级报警电压和二级报警电压数值。

当飞控检测电池电压达到一级报警电压时，飞控 LED 黄灯三闪；当检测电压达到二级报警电压时，黄灯快闪，飞控将触发低电压保护动作，根据用户设置选择返航、降落或只有灯光报警。

3. 电压校准设置框

当飞控检测电压与电池实际电压不一致时，需要对飞控测量电压进行校准。需要在“测量电压”一栏输入电池实际的电压值，单击“写入”按钮对飞控电压进行校准，确保飞控显示的当前电压与实际的电池电压保持一致。

三、水泵设置

将水泵设置为“单泵”，默认水泵模式为“单泵”，水泵模式设置为第 7 通道(CH7)，水泵控制第 8 通道(CH8)，根据个人习惯可任意设置(图 6.24)。

四、植保功能

植保功能设置如图 6.25 所示。

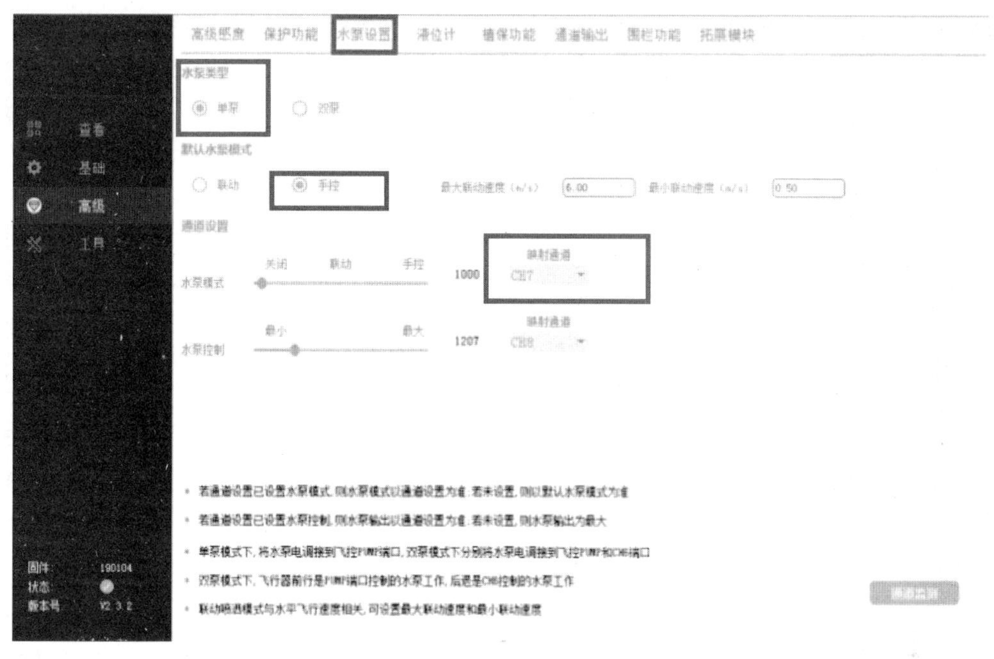

图 6.24　水泵功能设置

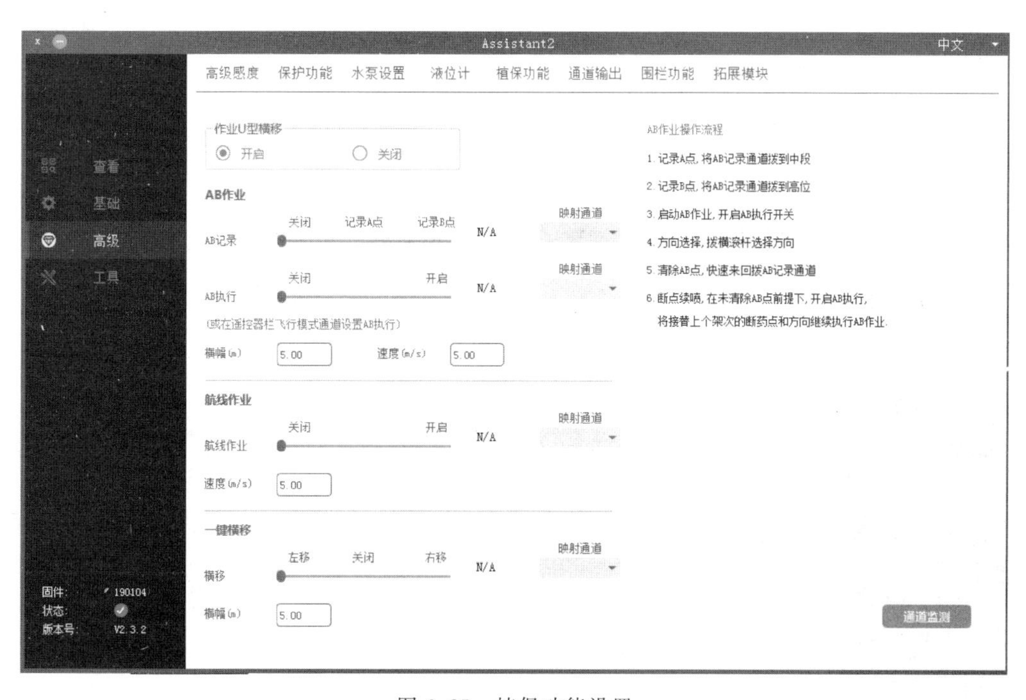

图 6.25　植保功能设置

五、通道输出

通道输出功能是适应 PPM 信号输出的遥控器，YMZB-001 使用的遥控器信号输出为 SBUS 模式，因此在这里不做深究(图 6.26)。

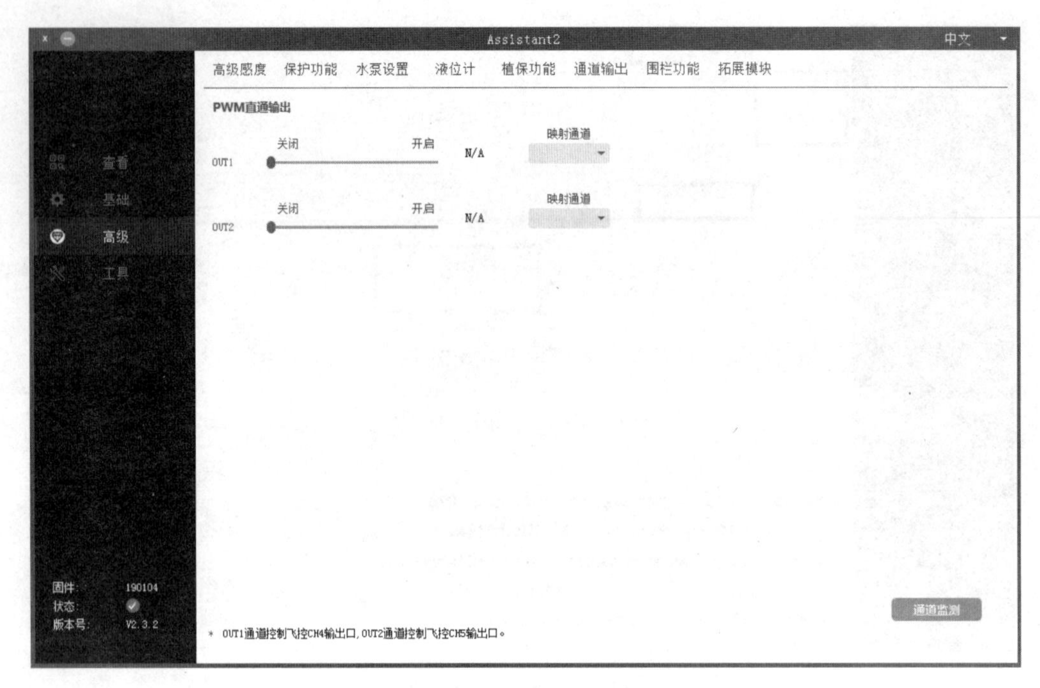

图 6.26 通道输出设置

六、围栏功能

围栏功能主要作用是为了保证无人机飞行安全,合法规范化使用,保证无人机在飞行空间可控范围内飞行(图 6.27)。

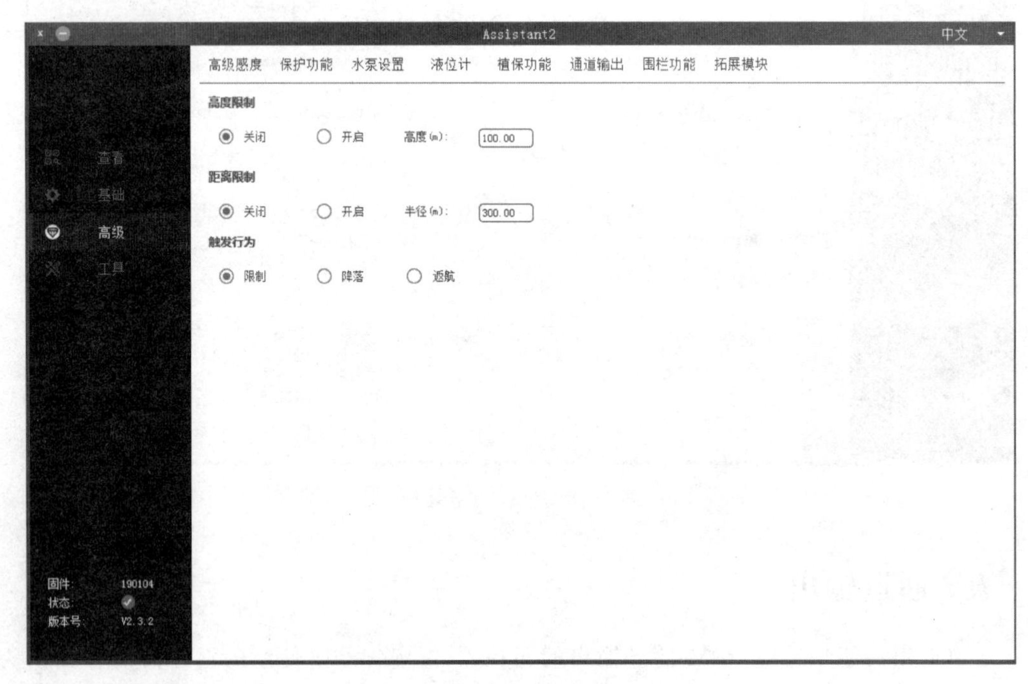

图 6.27 围栏功能设置界面

七、工具栏

单击“参数导出”按钮则会保存该调参软件所设置的所有参数，单击“参数导出”按钮前应确认所有参数都已写入飞控。单击“参数导入”按钮则会将上次导出的所有参数都写入此时连接到调参软件的飞控(图 6.28)。

图 6.28　配置参数导入

八、飞行日志下载

飞行日志下载界面如图 6.29 所示。

(1) 单击“刷新”按钮可以更新显示飞控 SD 卡保存的所有日志。

(2) 单击“下载”按钮可以下载相应日志内容。

(3) 列举所有日志，用于选择所需下载的日志。

(4) 显示飞控 SD 卡保存的所有日志。

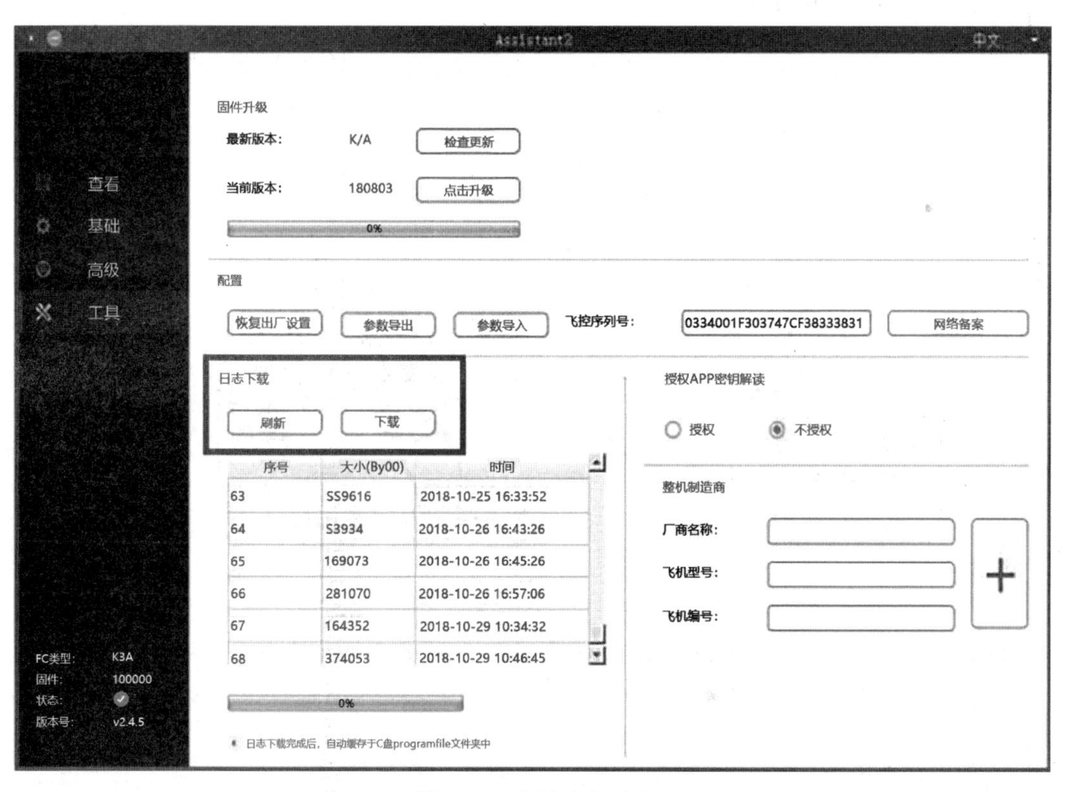

图 6.29　飞行日志下载

九、固件升级

官方网站会不定期公布最新的固件，可前往极翼官方网站资料下载专区下载 K3A/K3Apro 在线升级工具，升级最新固件(图 6.30)。更新方法如下。

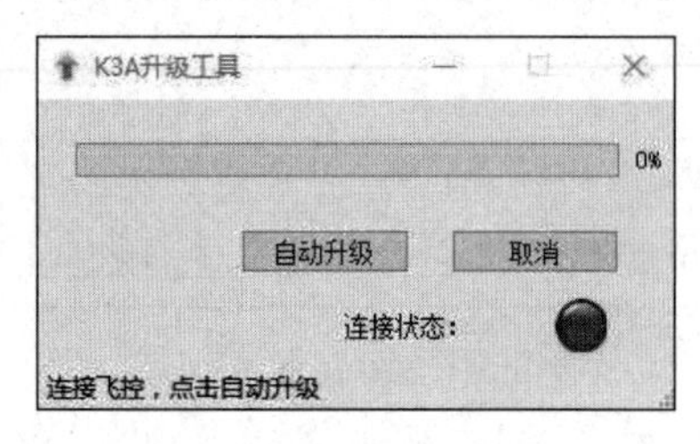

图 6.30 固件升级

(1) 使用 K3A/K3Apro 飞控配套的调参线同时连接飞控 LINK 和计算机的 USB 接口。

(2) 打开 K3A/K3Apro 自动升级工具。

(3) 单击“自动升级”按钮，飞控大约需要 2min 将自动完成升级。

注意：升级过程中应确保飞控供电充足和网络畅通。

十、遥控器功能介绍

(1) 解锁。先按图 6.31 所示，左边摇杆打到右下角，右边摇杆打到左下角(内八模式)，进行解锁，解锁后电机进入怠速状态。

(2) 加锁。在所有的控制模式中，只要电机启动后，执行如图 6.32 所示的左边摇杆打到左下角，右边摇杆打到右下角(外八模式)，便会使电机立刻停转。

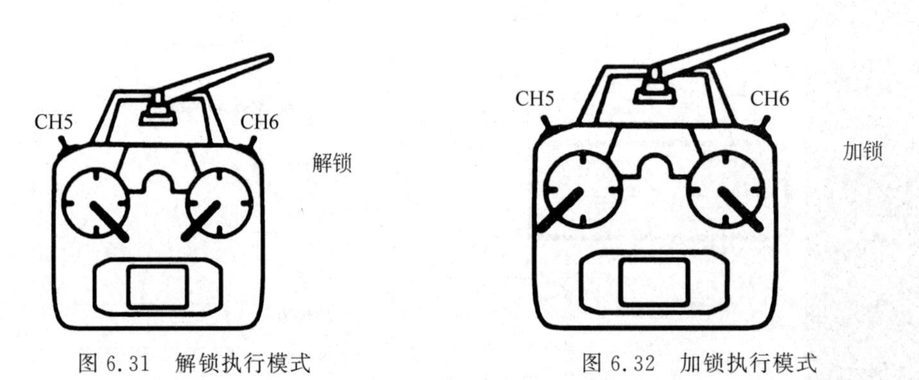

图 6.31 解锁执行模式　　图 6.32 加锁执行模式

注意：请勿在飞行过程中执行图 6.33 中掰杆动作，否则电机将会立即停转。

在任何飞行模式，解锁后，飞机未起飞，油门最低，3s 内不进行任何操作电机会自动加锁。

除姿态增稳模式外，所有飞行模式有自动落地识别功能，会自动控制停转。

除姿态增稳模式外，飞行器在飞行时油门拉至最低，不会导致电机停转。

十一、三色灯状态指示

状态指示灯含义如图 6.33 所示。

飞行模式表示	灯状态表示	优先级
姿态(增稳、定高)	绿灯单闪 ●	低
GPS模式(角度、速度)	绿灯双闪 ●●	低
功能模式(绕圈、巡航、农业等)	绿灯三闪 ●●●	低
智能方向开启	绿灯四闪 ●●●●	低
自驾模式(地面站控制、返航)	绿灯快闪 ●●●●●	中
GPS表示	灯状态表示	优先级
GPS未连接/GPS未收到星	红灯三闪 ●●●	低
GPS信号较差	红灯双闪 ●●	低
GPS信号一般	红灯单闪 ●	低
GPS信号很好	红灯不闪 ○	低
RTK定位	黄灯单闪 ●	
低压报警表示	灯状态表示	优先级
一级报警	黄灯三闪 ●●●	低
二级报警	黄灯快闪 ●●●●●	高
两面校磁表示	灯状态表示	优先级
水平校准	黄灯常亮 ●———	中
垂直校准	绿灯常亮 ●———	中
校准失败	红灯常亮 ●———	中
校准成功	红、绿、黄灯交替闪 ●●●	中
球面校磁表示	灯状态表示	优先级
正在校准	红、绿、黄灯交替闪 ●●●	中
校准成功	灯恢复正常	中
加速度计校准表示	灯状态表示	优先级
正在校准	红、绿、黄灯交替闪 ●●●	中
校准成功	绿灯常亮 ●———	中
异常状态表示	灯状态表示	优先级
遥控器失控	红灯快闪 ●●●●●	高
磁罗盘干扰/异常	黄、绿灯交替闪 ●●●●	高
GPS丢星/异常	红、绿灯交替闪 ●●●●	高
IMU振动过大/异常	红、黄灯交替闪 ●●●●	高
其他状态表示	灯状态表示	优先级
上电初始化	红、绿、黄灯交替闪 ●●●	高
解锁表示	红、绿、黄灯交替闪 ●●●	高
解锁失败	红灯常亮 ●———	高

图 6.33 状态指示灯含义

第七章

植保教学无人机地面站系统

IFLY是专为K3A开发的配套App,用户既可以使用飞防管家代替遥控器进行植保无人机的起飞、降落、返航,也可以规划航线,实现植保无人机的全自主飞行。此外,还可以进行一些常用飞控参数的调整。通过应用商店搜索IFLY,下载安装App,使用App前要确保手机、平板电脑支持USB、蓝牙、GPS等功能(图7.1)。

图7.1　移动终端App图标

第一节　主　界　面

地面站的主界面集成了飞行和航线规划需要的状态指示和主要功能按钮,位置如图7.2所示。界面各部位含义如表7.1所示。

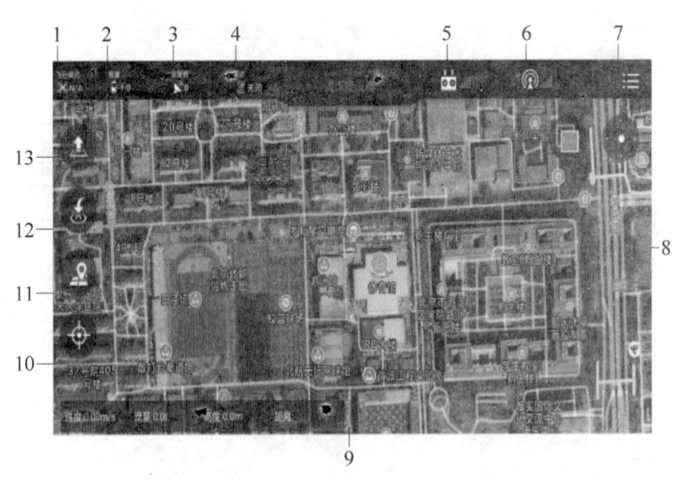

图7.2　地面站界面

表 7.1　界面介绍

序号	选　　项	含　　义
1	飞行模式	无人机的飞行模式显示，飞行模式包括姿态增稳、GPS 速度、GPS 角度、姿态定高、AB 作业、起飞、返航、降落、悬停、航线作业、悬停降落等
2	电压	用于显示无人机电池的当前电压，用于判断电量是否充足
3	卫星数	用于显示无人机 GPS 的星数，用于判断当前星数可否正常飞行
4	状态信息	用于飞控的自检状态以及振动、电压报警等异常信息
5	遥控器连接状态	用于显示遥控器是连接还是断开
6	通信连接状态	用于显示数传、打点器、基站等的连接状态
7	调参设置	分为基础调参和高级调参，基础调参针对终端用户，用于一些常用参数的调整。高级调参针对无人机厂商，主要对基础感度、控制感度等进行调整
8	航线规划界面	用于自主航线规划，进行全自主飞行
9	飞行数据	其中 S 代表航线规划面积，L 表示航线规划总长度，T 代表航线规划飞行所需总时间，HV 表示水平速度，VS 表示垂直速度，H 代表高度，D 代表距离
10	定位	用于定位飞手的位置和无人机的位置
11	航线规划	用于打开航线规划界面
12	返航	用于无人机的返航
13	起飞/降落	用于无人机的起飞和降落。当无人机在空中时是降落按钮，在地面时是起飞按钮

第二节　App 设置

飞防管家的设置界面主要包含高级调参和普通调参，如图 7.3 所示。

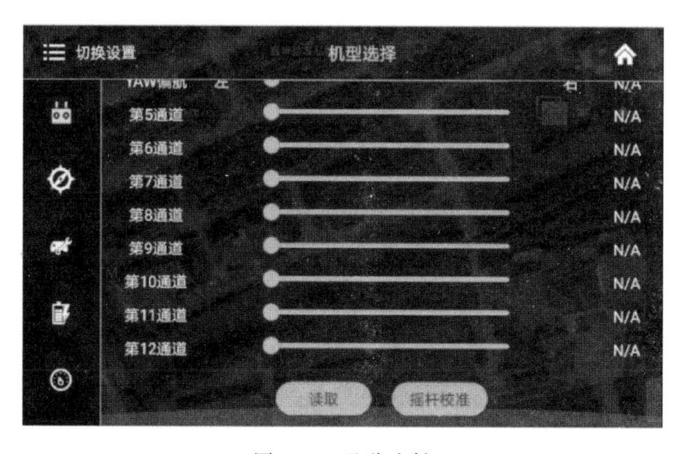

图 7.3　通道映射

第三节　航 线 规 划

单击 IFLY App 主页航线规划按钮，显示“新建”“编辑”页面，通过此界面可以查看本地航线和在线航线，本地航线是保存在手机本地的航线，在线航线是保存在网上的航线，需要登录特定的账号才能获取，单击已经保存的航线，单击“编辑”按钮可查看已保存航线。具体步骤如下：单击航线，再单击“编辑”按钮，航线打开并调整航线(图 7.4)。

航线规划界面包含“地图选点”“打点器选点”“飞行器选点”“手机测亩”四种方式，下面逐一进行说明(图 7.5)。

图 7.4　航线规划界面

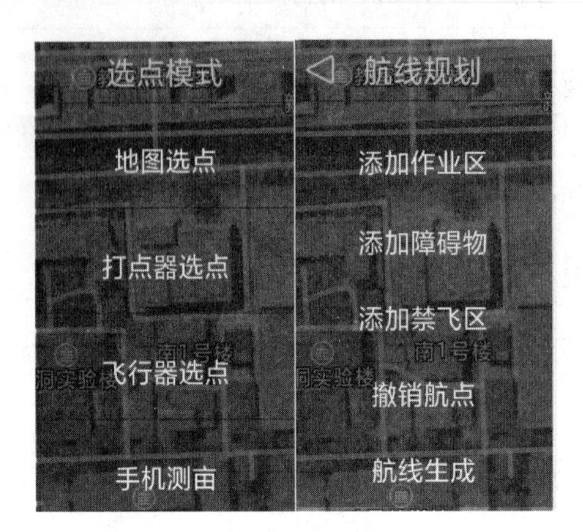

图 7.5　选点模式与航线规划

一、地图选点

地图选点主要用于在地图上单击相应的位置来取点，至少要取三个点，所选区域不能超过 500 亩，生成的航点不能超过 250 个点。具体步骤如下：地图选点→添加作业区→在地图上取点→添加障碍区→在地图上取点→航线生成。

二、打点器选点

具体步骤可查看第八章有关打点器的使用说明。

三、飞行器选点

飞行器选点主要用于飞机进行采点，至少要取 3 个点，所选区域不能超过 500 亩，生成的航点不能超过 250 个点。具体步骤如下：连接数传→飞机自检通过可正常飞行→将飞机飞到相应地点→单击添加作业区→将界面滑动到最小面并单击采点→单击添加障碍区并添加障碍物→航线生成，完成采点。

四、手机测亩

手机测亩主要用于手机 GPS 进行采点，至少要取 3 个点，所选区域不能超过 500 亩，生成的航点不能超过 250 个点。具体步骤如下：手机测亩→添加作业区→拿着手机到达指定地点→滑动界面到最下面→单击采点→添加障碍区→拿着手机到达指定地点→单击采点→生成航线(图 7.6)。

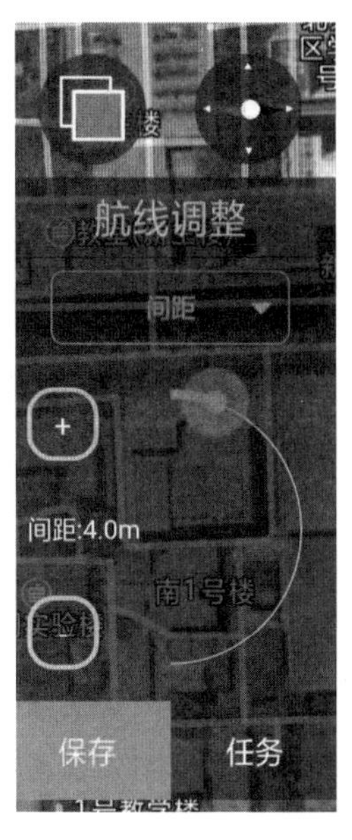

图 7.6　航线调整

航线规划界面包含间距调整、角度调整、作业边距调整、障碍边距调整、微调按钮、航线保存、航线上传。在这里处理主要是用来调整已经生成的航线。

(1) 间距调整：主要用于调整航线与航线之间的间距。

(2) 角度调整：主要用于调整航线倾斜的角度。

(3) 作业边距调整：主要用于调整航线边界内缩的距离。

(4) 障碍边距调整：主要用来调整障碍物，用于扩大障碍物的外围边界。

(5) 微调按钮：主要用于航线间距、航线角度、作业边距、障碍边距的微调，每次加/减一个单位数字。

(6) 航线保存：单击"保存"按钮，如果登录账号，则既在本地保存航线，也在网上保存航线，如果未登录账号，则只在本地保存航线。

(7) 航线上传：单击"任务"按钮，具体步骤可参考本章第五节的航线上传部分。

注意：需顺时针方向或者逆时针方向取点；撤销航点用于撤销已选航点，而且只能撤销相对应的区域。例如，当添加作业区时，只能撤销作业区的航点，当添加第一个障碍区时只能撤销第一个障碍区的航点，当添加第二个障碍区时只能撤销第二个障碍区的航点。航线清除则是帮助清除掉所有的航点。地图选点可用于模拟选点，当不知道如何选点时可以在此学习如何规划区域航点。

第四节　选起飞点和返航点

一、选起飞点

起飞点的前提是航线已经生成，单击已生成航线的顶点 30m 以内的距离，实际 30m 在地图当前选比例尺下可能比较小，需要单击顶点附近选择起飞点。

二、选返航点

0815 的飞控固件加入了选择返航点功能，单击“返航”按钮会弹出提示框，若选择“确定”，则会将当前手机位置选为返航点，若单击“取消”则返回的仍为起飞点，若设置了返航点，则下次返航点仍然是上次设置的返航点。飞机断点返航点重置，仍为起飞点。界面中的 H 图标则表示返航点。

注意：若选择返航点，只是选择了大致返航位置和飞控，无人机飞近时注意手动控制。

第五节　航线上传

本节主要说明如何将已经生成的航点上传给无人机，主要分为三个步骤，包括任务、重启任务、开始/暂停任务，具体步骤如下。

1. 任务

单击“任务”按钮，若数传通信通畅，则弹出进度条对话框，航点会一次上传。例如，有 100 个航点，进度条则会显示 1～100，直到第 100 个点上传成功。若航点上传成功，则会跳转到下一个界面，若航点上传失败，则会提示“发送超时，请重新上传航点”。

注意：单击“任务”按钮之前，应确保已经保存了航线，防止误操作退出当前界面，导致航线无法保存。

2. 重启任务

重启任务主要用来重新上传此次航线，只有在记录断点的情况下才能重启任务，否则会提示当前无任务。

3. 开始/暂停任务

当航点上传成功时，只有在 GPS 模式下才能开始任务。单击“暂停任务”按钮，在航线上会显示记录的断点，断点显示为 B 图标。

4. 遥控器开始/暂停航线

遥控器开始/暂停航线功能可避免 App 的界面误操作，在退出 App 的可操作界面后，可用遥控器全程操控。主要步骤如下：在 PC 上调参设置航线作业开始/暂停通道→在 App 上单击任务上传航线→上传成功→飞机飞到空中→遥控器拨至“开始”→航线开始→遥控器拨至“暂停”→航线暂停(可换电池或者加药)→飞机升到空中→遥控器拨至“开始”(图 7.7)。

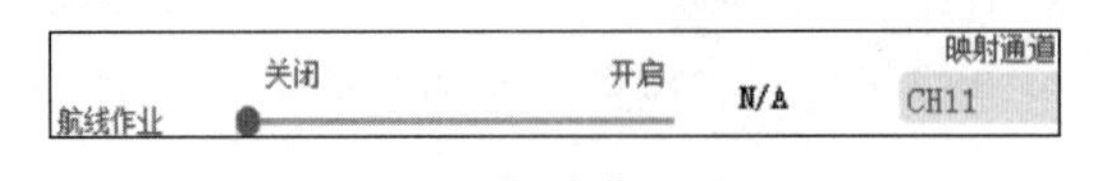

图 7.7　航线作业设置

第六节　全自主飞行避障

全自主飞行避障主要有以下两种方式。

(1) 通过采点，圈出障碍物，进行避障。

(2) 通过遥控器打横滚、俯仰杆躲过障碍物用来避障。避障结束飞机会自行回到原来航线上。

航线作业的其他说明如下。

(1) 航线执行过程中会将已经飞过的航线涂成红色,需要到达当前航点才进行绘制。

(2) 若记录断点后不小心退出当前界面,可打开已经保存的航线,再次单击"任务"按钮,界面上会显示一条红色航线一直绘制到当前断点位置,并标识出 B 图标断点。

(3) 若未记录断点退出了当前界面,需打开已经保存的航线,App 会自动识别当前航线,直接跳转到当前任务重启界面。

(4) 若航线已经执行完成,再次打开已经保存的航线,则会重新上传航点。

注意:以上功能是在数传通信流畅的情况下才能保证可用性,应保证数传通畅和飞机距离足够适合的传输距离,否则不要尝试。

第八章

植保教学无人机拓展模块

第一节 打 点 器

本节主要说明几种打点器的使用方法。

一、手持 GPS 打点器

手持 GPS 打点器具体操作步骤如下：新建→打点器选点→插入打点器 OTG 线→弹出 USB 选择框→选择飞防管家应用→单击“连接”按钮→若弹出 USB 则单击“允许”按钮→打点器连接成功→中间状态信息栏会显示已连接→等待 5min 左右→若信号质量为“好”或者“很好”或者界面出现 P 图标→单击添加作业区→滑动界面到最下面单击“采点”按钮→采点结束，生成航线。

二、打点器连接

连接方式与连接蓝牙或者连接 OTG 数传方式类似。单击标题栏中的“连接”按钮，选择打点器，只要手机弹出框都选择“OK”(图 8.1)，一般手机只需连接两次，部分手机需要连接三次，如果连接成功，地图上则会出现图标，代表打点器中点的当前位置。如果没有弹出框，应检查手机是否支持 OTG。

图 8.1　打点器连接

三、信号强度显示

若打点器(打点器需要拿到室外空旷处进行采点)已经连接成功,则如图 8.2 所示。App 会显示已连接,等待 2～3min,信号量会由已连接变成差、一般、好、很好中的一种,并且会显示相应的卫星数,当信号质量变成“一般”时就可以进行采点,为“好”时打点精度好,为“很好”时打点精度最好。

图 8.2　打点器连接成功

打点器采点。障碍物超出了作业区的边界会影响航线生成,应将障碍区圈在作业区里面,或者先采集障碍区,再采集作业区。

(1) 打点器采集正常作业区(顺时针或者逆时针采点,不要交叉)。

如图 8.3 所示,单击“新建”按钮→地块命名→选择打点器选点→添加作业区→打点不精确可选择撤销航点→继续单击作业区采点。

(2) 障碍区采点(沿顺时针方向或者逆时针方向采点,不要交叉)。

选择障碍区采点,“添加障碍区 1”代表选择的是第一个障碍物,再次单击该数字会变成

图 8.3 打点器采集作业区

2,代表当前采集的是第二个障碍物,可以添加无数个障碍物。添加障碍区,打点不精确可选择撤销航点,继续单击障碍区采点(图 8.4)。

图 8.4 障碍区采点

(3) 航线生成。直接单击“航线生成”,然后单击“保存”按钮,保存到本地。

第二节 流 量 计

流量计,顾名思义,就是用于检测流量的传感器(图 8.5),当液体通过水流转子组件时,磁性转子转动并且伴随着流量的变化而变化,霍尔传感器输出响应脉冲信号,反馈给飞行控制器,由飞行控制器判断流量的大小进行调控,如表 8.1 所示。将杜邦线接头(图 8.6)插到极翼飞控的 LFS 口,然后在飞控软件里设置流速流量计检测就可以了。

图 8.5　流量计

图 8.6　杜邦线接头

表 8.1　流量计基本参数

参数名称	说　明
流量精度	(0.2～6L/min)+10%
工作水压	0.1～0.35MPa
接口外径	8～10mm(插内径 8mm 软管)
使用电压	直流 4.5～18V(额定 5V)
信号输出	NPN 脉冲信号
响应时间	0.2s
脉冲特性	$F=23Q+10\%$(Q 的单位为 L/min)
接线方式	红色为正极,黑色为负极,黄色为信号输出

第三节　液　位　计

智能型非接触式液位感应器(以下简称液位感应器)采用了先进的信号处理技术及高速信号处理芯片(图 8.7),突破了容器壁厚的影响,实现了对密闭容器内液位高度的真正非接触检测。液位传感器(探头)安装于被测容器外壁的上方处和下方处(即液位的高位与低位处),非金属容器无须对其开孔,安装简易,不影响生产,可实现对高压密闭容器内的各种有毒物质、强酸、强碱及各种液体的液位进行检测。若有药水则灯亮,没药水则灯灭。需要紧密贴在药箱底部,建议用热熔胶或者 502 胶固定,不能用 3M 胶(图 8.8)。

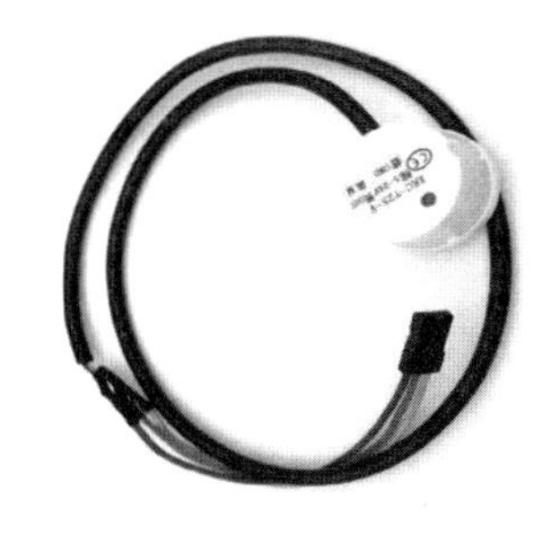

图 8.7　液位计

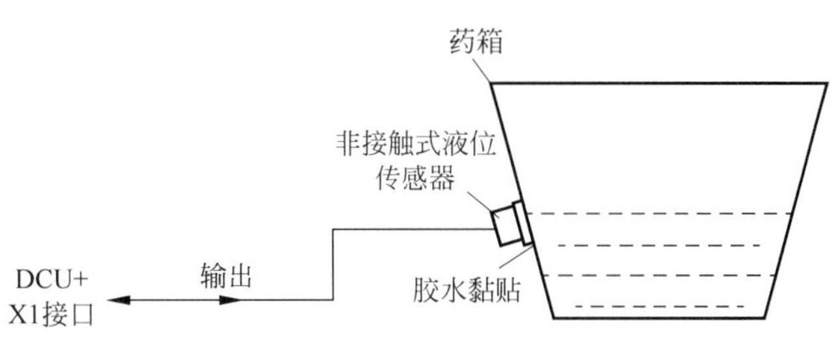

图 8.8　液位计的使用

第四节 实时差分定位技术 RTK

RTK(real-time kinematic，实时差分定位)是一种能够在野外实时得到厘米级定位精度的测量方法。RTK 也称为载波相位差分技术，基站采集卫星数据后，通过数据链将其观测值和站点坐标信息一起传送给移动站，而移动站通过对所采集到的卫星数据和接收到的数据链进行实时载波相位差分的处理，得出精确的定位结果。RTK 技术可以修正信号在大气层中的传播误差，消除卫星星历误差、卫星钟差，被广泛应用于测绘、巡检、农业等多种专业场景(图 8.9)。

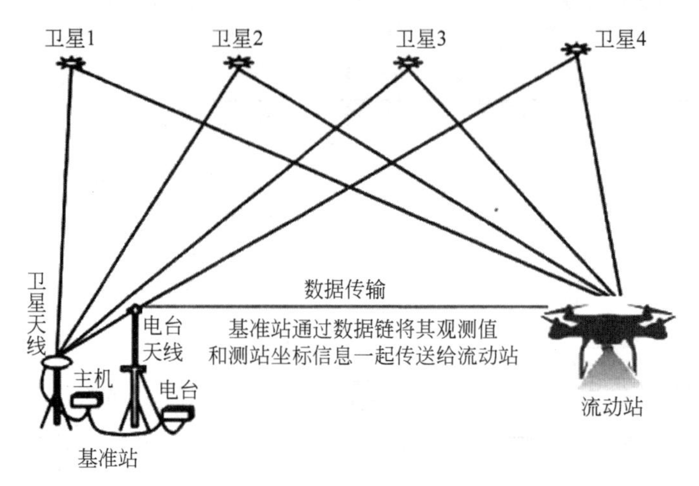

图 8.9 RTK 系统

一、CORS 网络差分打点器

CORS 网络差分打点器外形如图 8.10 所示。

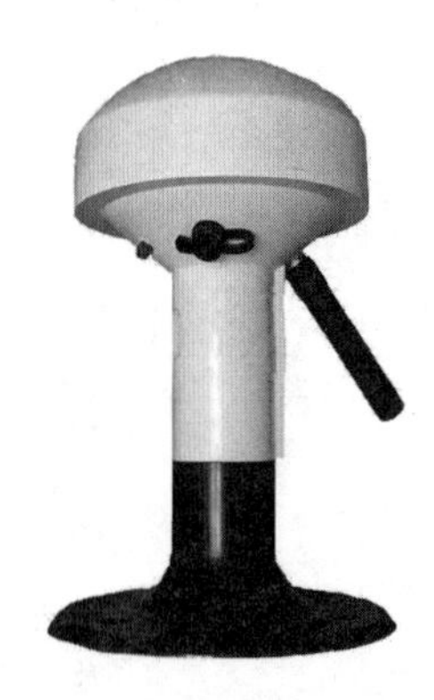

图 8.10 CORS 网络差分打点器

CORS 网络差分打点器定位具体操作步骤如下：单击“连接”按钮→选择 RTK→选择已配对的蓝牙→连接成功(状态信息栏显示已连接)→新建→打点器采点→选择 CORS 网络差分→若界面出现 P 图标或者设置界面解状态为固定解→单击“添加作业区”→滑动界

面到最下面并单击采点→采点结束生成航线。

二、内置电台差分

内置电台差分定位具体操作步骤如下：单击“连接”按钮→选择 RTK→选择已配对的蓝牙→连接成功(状态信息栏显示已连接)→新建→打点器采点→选择内置电台差分输入对应基站的 SN 号→若界面出现 P 图标或者设置界面解状态为固定解→单击“添加作业区”→滑动界面到最下面并单击采点→采点结束生成航线。

注意：使用手持 GPS 打点器时应该在室外空旷位置，并且需要水平放置，如果两次使用间隔时间太长，初始化使用时间也会相应变长。基站 RTK 打点器使用时也需要竖直放置，不要倾斜。采点时需要人行走才能完成。

第五节　视觉避障模块

具备主动避障功能的植保无人机能够更加有效地应对复杂的工作环境，确保无人机更加安全、高效地完成作业任务。在植保无人机领域，目前可实现主动避障功能的技术主要有两种：毫米雷达波避障技术和视觉避障技术。

视觉避障：如图 8.11 和图 8.12 所示，双目视觉避障基于视差原理(计算机视觉的一种重要形式)，利用成像设备两只相隔一定距离的摄像头来获取同一被测场景的两幅图像，根据三角原理计算两幅图像对应点间的像素偏差来获取场景空间的三维信息(包括摄像头与物体的距离、物体与物体之间的距离等)，这和人眼感知物体三维信息的原理相似(表 8.2)。

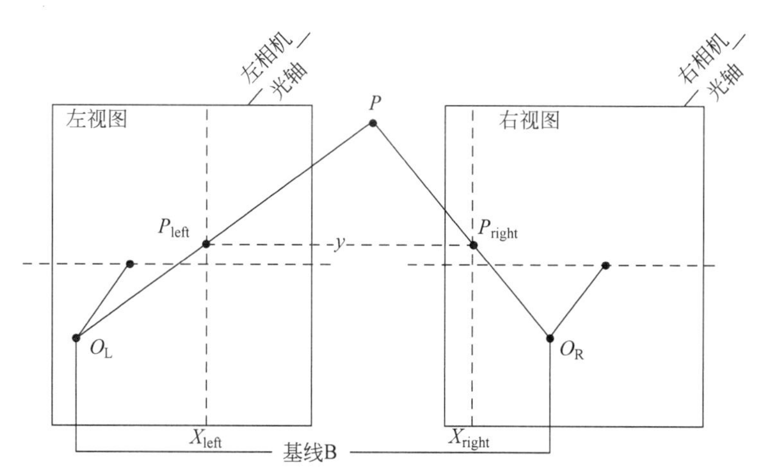

图 8.11　双目立体视觉原理示意图

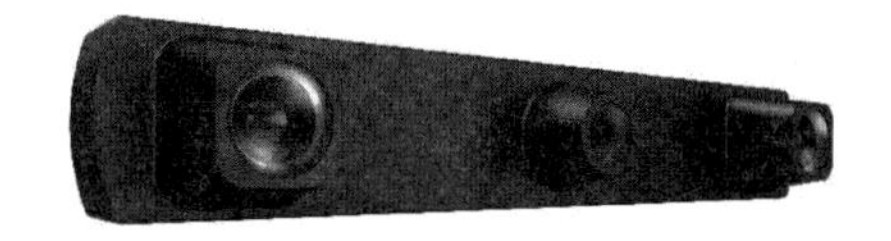

图 8.12　视觉避障模块

表 8.2 视觉避障模块

产品参数	说明
视场角	垂直 38°，水平 52°
重量	200g
基线长度	16cm
使用环境	光线良好、障碍物所处位置非强光直射
可感知范围	1～30m(感知 15m 远，直径大于 10cm 物体)
避障方向	前向避障
使用条件	光线良好、障碍物所处位置非强光直射 GPS 速度模式且飞行姿态角不大于 15° 飞行相对高度高于 2m，且速度小于 6m/s
安全距离	3～5m

一、安装位置说明

安装要求：水平安装前方的视角范围内无遮挡物(出线口朝下)，安装位置选取不可有水雾黏连影响(图 8.13)。

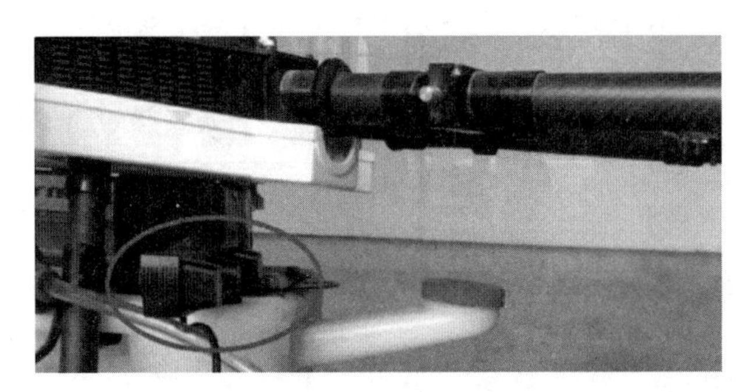

图 8.13 视觉避障模块

二、调参设置

连接安装完成后，可连接调参软件查看视觉模块连接状态，如图 8.14 所示。

操作要求如下。

(1) 限制飞行姿态角不大于 15°。

(2) 10m 外精确对准障碍物进行测试。

(3) 障碍物必须是固定静止已知的。

(4) 飞行高度不低于 2m。

(5) 避障悬停后，必须向后拉杆才能脱离悬停状态。

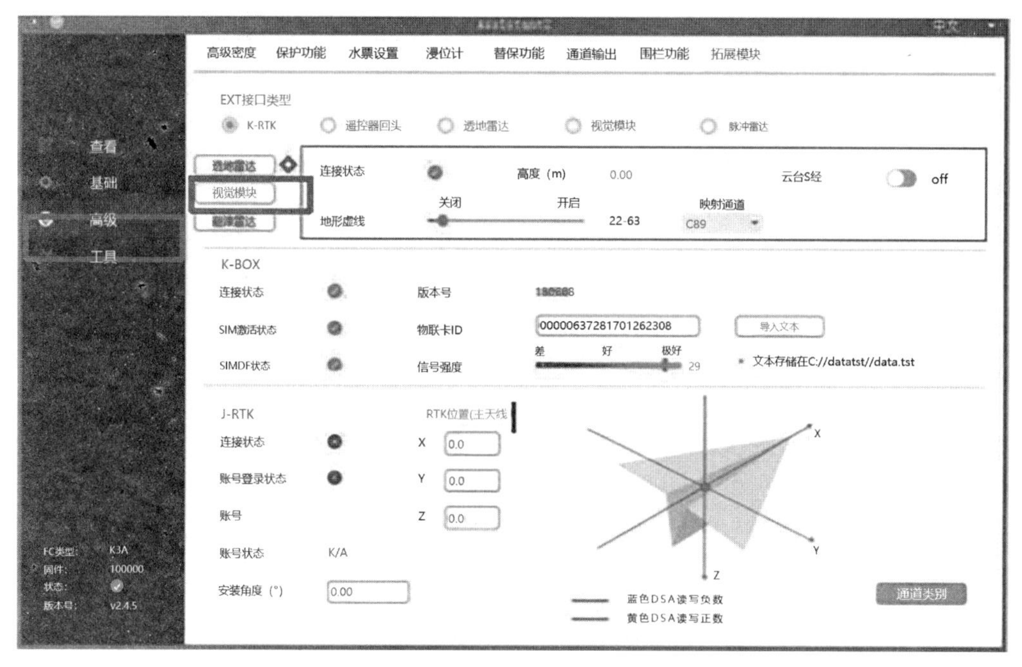

图 8.14　视觉模块参数设置

第六节　仿地雷达

仿地飞行，顾名思义，是指无人机在自主作业过程中，遇到起伏不平的地块，通过携带的雷达系统，根据地面深浅自行调整飞行高度，保障农药喷洒均匀。此项功能不仅使植保无人机在实际作业过程中更加智能，而且满足了多种作业区域的使用需求(图 8.15)。

图 8.15　仿地雷达

仿地飞行功能的实现是在无人机机身加装实时测量对地高度信息的微波雷达高度计。它可以直接输出对地高度信息，支持飞控代码，用于无人机的自动起飞、降落辅助、定点巡航、仿地飞行和定高飞行等，如图 8.16 所示。

由于我国地形比较复杂，山地、丘陵、平原、高原、盆地等各种各样的地形层出不穷，而且千变万化，如果飞手操作过程中稍不注意，就会偏离喷洒航线或者由于调整不及时而直接撞

图 8.16 仿地飞行

上障碍物。仿地飞行功能的实现不仅可以解放飞手的眼睛，让飞手不需要像常规作业那样全程紧盯着无人机作业，随时处理突然出现的障碍物，减少炸机事故的发生，减少飞手作业的压力；而且可以减少中断作业的次数，提高作业效率。

第七节 播撒系统

无人机飞播是指利用无人机进行农林牧种子、化肥播撒及渔业饲料投放，到达提高生产效率、减少人工劳动、减少生产成本的目的。我国飞播发展很早，早期飞播行业主要尝试于飞机种草等场景。2019 年 4 月极飞科技发布了首款基于滚轴定量＋气流喷射技术的智能播撒系统，引起市场广泛关注(图 8.17)。

水稻播种

飞播投饵

图 8.17 飞播系统应用场景

颗粒箱内的种子在经过十字形搅拌器后，能有效分离结块和黏连的颗粒，保证下落的均匀(图 8.18)。

接着，种子颗粒会被滚轴式定量器均匀地分拨到播撒涵道里，进入高速气流喷射器(图 8.19)。

通过涵道扇产生的高速气流，且喷口经过特殊设计，能进一步加速气流，使喷撒顺畅而不受环境和无人机风场影响。作业过程中，极飞智能播撒系统还会与飞行速度联动，实现变量播撒。

图 8.18　飞播系统工作原理示意图

图 8.19　飞播系统工作过程

第九章

植保无人机作业规范

第一节　植保无人机作业前检查确认

一、周边种植情况

植保无人机作业前要查询好药物特性、作物特性，确认安全方可作业，避免产生经济损失。

作业前必须观察周边作物种植情况，是否存在西瓜、核桃、桑树等敏感植物，避免产生飘移性作业事故。

作业前要确认周边种植情况与作业区域作物属性是否相同。例如，对水稻进行除草作业，若周边存在阔叶的油菜，则很有可能产生飘移药害。同理，在小麦区作业，若周边存在阔叶科的棉花等，也可能产生飘移药害(图 9.1)。

图 9.1　飘移药害引起农作物中毒

二、周边养殖情况

如作业区域周边存在养殖情况，则有可能产生养殖牲畜中毒、死亡的可能。如作业不可避免，一定要确认农药是否可能对养殖牲畜产生毒害作用。

如鱼塘、虾塘、虾蟹田。大部分的有机氯农药(硫丹、666、DDT)、有机磷农药(毒死蜱、敌敌畏、乐果)都有可能对鱼类产生毒害，常见农药包括阿维菌素、菊酯类农药也会造成鱼类死亡。如果作业区域周边有池塘等水产养殖，应选择对水产品安全低毒的农药，并保持安全隔离区域。

还有蜜蜂，大部分的有机氯、有机磷、菊酯类、烟碱类、杂环类农药都有可能造成蜜蜂中毒。其中常见的吡虫啉、噻虫嗪等对蜜蜂都具有较高毒性。

作业前应确认作业区域有无蜜蜂及蜂农，应提前告知作业情况，并沟通作业方案。应选用对蜜蜂低毒的农药品种进行作业。

三、周边障碍物情况

田块规划时应仔细观察田块内部及边缘障碍物情况，进行障碍物测量，避免植保无人机与障碍物产生撞击，如电杆斜拉线等(图 9.2)。

图 9.2　斜拉线引起的事故

需注意将作业区域人员清空，因为作业区域有可能存在农户拔草、检查等情况，在作业前应清空作业区域，否则植保无人机与地面人员发生撞击将可能造成严重伤害。

注意禁止飞行区域，如机场净空保护区、军事禁区部队驻地以及周边 1000m 范围的上方，发电厂变电站、码头港口大型活动现场以及周边 100m 范围的上方，高速铁路以及两侧 200m 的范围，普通铁路以及国道两侧 100m 的范围内。

四、飞行器检查

(1) 长期闲置或转移地点较远的飞行器应做磁罗盘校准，避免出现异常。

(2) 起飞之前应确认摇杆模式，避免摇杆模式错误。

(3) 起飞前确认遥控与电池电量充足，避免遥控器电量过低而失控。

(4) 起飞区域不能在车顶，可能造成地磁干扰。

(5) 起飞前确认机臂与螺旋桨都已展开，拧紧飞机折叠件部分。

(6) 作业前勘查以及任务准备。每次植保外出作业前，都应对作业任务进行分配以及所携带设备工具、农药进行规划和清点。

(7) 田间排除故障时,应先卸压后再进行拆卸,加药时应防止农药飞溅。

第二节 植保作业气象

植保无人机作业高度较高且雾滴粒径较小,药液易产生飘移与蒸发,所以气象条件对于飞防作业影响较大。

一、风力

风力对于雾滴的沉积与飘移有重大影响,二级以内的微风有利于雾滴沉积且飘移距离较小,三级以上风速会造成雾滴沉积减少且雾滴飘移增加,植保无人机应在三级以内风速作业,以避免产生飘移问题。除草剂作业为避免产生飘移药害,应尽量在二级以内风速作业。杀虫杀菌作业应在三级以内风速作业。此外,雷雨天气禁止作业。

二、风向

因为雾滴会随风飘移,所以植保无人机下风向空气中将会存在农药成分,并且喷洒的实际区域也会因为风速的大小而产生变化。

植保无人机作业过程中应紧密关注风向变化,并做到以下几点。

(1) 作业人员禁止处于植保无人机下风向,避免农药中毒。

(2) 注意作业区域下风向是否存在对药物敏感的动植物,避免产生飘移药害。

(3) 如进行除草或其他敏感作业,应在田块下风向边缘区域设置安全隔离区,避免药液飘移到相邻地块产生药害(图 9.3)。

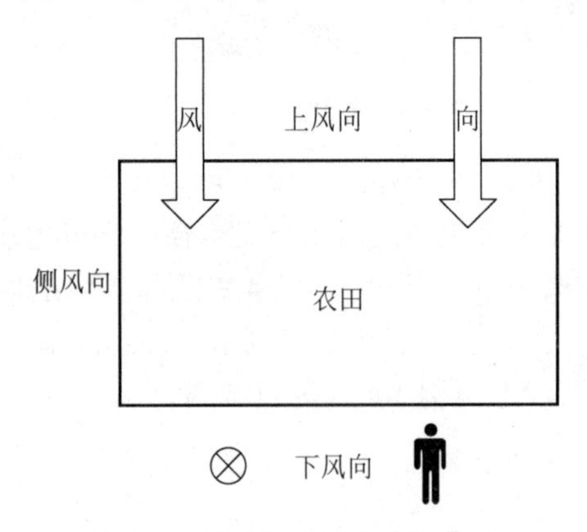

图 9.3 禁止在下风向位置作业

三、温度与湿度

温度对于药液的效果至关重要,低温有可能导致药效不佳,0℃ 以下的低温甚至有可能产生药害。温度较高,将造成药液蒸发加快,雾滴的沉积量减少。

不同药剂的温度特性相差较大，所以农药适应的温度差异也较大，但总体应在15～30℃之间进行作业。应禁止在0℃以下、35℃以上进行作业。

湿度较低会导致雾滴的蒸发加剧，所以在湿度较低区域作业应避免在高温时段作业，以降低药液蒸发。试验发现，由于蒸发，100μm雾滴在25℃、相对湿度30%的情况下，移动75cm后尺寸会减少一半。

应避免在温度30℃以上、湿度40%以下区域作业。如在湿度较低区域作业，应稍提高亩用量、增大雾滴直径，以降低雾滴蒸发。

第三节 植保作业人员安全防护及要求

随着农用无人机作业量增加，飞防植保行业陆续发生了一些安全事故。怎样让植保操作人员能够更安全、更高效地完成飞防作业，避免自身受到来自农药、植保无人机的伤害，本节将进行重点讲述分析。

一、个人设备防护

(1) 在无人机作业过程中，作业人员应该做好安全防护，对暴露在外的身体部分，如手、脚、眼睛及呼吸系统进行保护。装备必要的防护服、眼罩、口罩、手套、雨靴等，以保障人员安全(图9.4)。

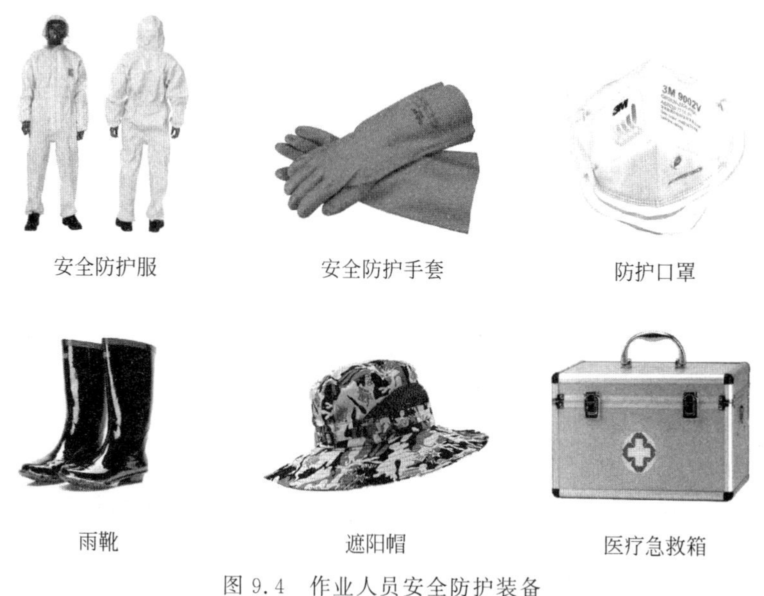

图9.4 作业人员安全防护装备

(2) 禁止穿短裤及拖鞋进行作业，避免因蚊、虫、蛇叮咬而造成的损伤，在南方水田作业还应穿好水鞋。

(3) 配药人员应在穿戴防护设备齐全的前提下，按照二次稀释法的操作要求，在开阔的空间进行配药。禁止在密闭空间、下风向等情况下进行配药。

(4) 施药期间禁止吸烟、饮食等行为，以防药物中毒。

二、运输过程注意事项

在运输过程中,尽量使用厢式货车,实行人药分离。人机不分离车辆运输时(如面包车)应注意以下事项。

(1) 植保无人机在装车前一定要装入清水清洗整个喷洒系统。

(2) 车辆尽量避免关闭车窗,保持空气流通。

(3) 绝对禁止关闭车窗开启空调内循环,否则极易造成人员吸入中毒。

(4) 关于住所最需要注意的是植保无人机应单独存放,绝不可放在睡觉、休息的房间,否则可能造成农药吸入中毒。

(5) 避免长时间连续甚至通宵作业,若已通宵作业应避免开车,防止发生车祸,目前行业内已有不休息连续作业发生车祸的相关案例。

三、操作人员要求

(1) 植保无人机操作人员应该具备无人机相关的理论知识,包括多旋翼飞行器的结构原理、系统组成、维护基本技能、安全操作规范和农业专项知识(农业病虫害和农业药剂)的基本理论常识,必须符合植保无人机操作人员职业技能。

(2) 植保无人机操作人员应当掌握应急事件处理能力,如简单医疗救护、飞行故障紧急降落等其他紧急事件处置的能力。

(3) 严禁在酒后或者服用致幻、嗜睡等具有副作用药物的情况下进行无人机作业。

(4) 在飞行过程中,应密切观察无人机的飞行操作范围内是否有闲杂人员存在,飞行中严禁与周边人员闲谈,以免出现不安全的事故。

(5) 飞行中,切勿进行危险操作,如炫技等不安全操作。

(6) 对农药有过敏情况者禁止操控。

(7) 植保无人机操作人员应当在进行植保飞防作业前接受无人机生产厂家以及厂家指定服务商或代理商的培训,仔细阅读产品说明,规范无人机的操作流程。

(8) 植保作业完成后应完成漱口,清洗脸部、手部,更换衣物等工作。

第四节　植保作业后设备维护

俗话说:“工欲善其事,必先利其器。”一款性能良好的植保无人机,对于进行植保作业来说非常关键,每一次在进行植保飞防作业后,都需要对植保无人机进行设备的维护和清理,以保证植保无人机良好的飞行性能,才能降低飞行事故率。

一、遥控器

(1) 遥控器须定时擦拭,以保持清洁(图 9.5)。

(2) 避免水、药液进入遥控器。

(3) 运输时应将天线折叠,避免天线折断。

(4) 不能将遥控器放在植保无人机机壳上抬运无人机。

(5) 避免遥控器摔落，可将遥控器挂在挂钩上。

图 9.5　作业后的遥控器

二、机身

(1) 环境温度变化较大时，应重新锁紧电机座固定螺钉、脚架固定螺钉、作业箱固定件锁紧螺钉等。

(2) 固定螺钉发生生锈、滑牙等情况应进行更换。

(3) 每次使用后都应用湿抹布清洗飞行器，禁止以水管或者水枪直接对飞行器进行冲洗。

(4) 定时观察机臂折叠处线缆套网是否磨破。

(5) 应定时观察机身上、下壳配合度是否正常，如机身配合不正常，则有可能导致水以及灰尘进入。

三、药泵

在药箱没有药液的情况下，一定要及时关闭压力泵，请勿长时间空转；否则有可能导致压力泵损坏。压力泵进液口必须配有过滤网，并且此过滤网必须定时清洗。长期存放前，压力泵必须清洗后再进行放置。必须定时检查压力泵电源线插头是否牢靠(图 9.6)。

避免使用粉剂以及高浓度乳油，以免滤网及喷头堵塞。每天作业完毕应对滤网进行清理，清除农药残留。定时将滤网放入水中进行浸泡，以使滤网工作状态良好(图 9.7)。

图 9.6　药泵

图 9.7　滤网

喷头维护：长期在恶劣情况下使用，有可能导致软管老化以及软管接头处松脱，需及时提前更换，定时将喷头卸下放在水中浸泡，以使喷头保持良好的工作状态。

四、水箱

每天作业完毕应向水箱中灌入清水，开启水泵，以冲洗整个喷雾系统。使用不同类型的药剂，一定要注意避免水箱药剂残留。例如，装过除草剂的水箱再来装杀虫剂，很有可能会对当前作物造成药害。所以，要定期对水箱进行彻底清洗，以保证水箱的清洁(图 9.8)。

图 9.8　水箱

五、电机

植保无人机电机工作环境恶劣，水雾、药液、农药附着是其损坏的首要因素，所以应做到：每天作业完毕用湿抹布清洁电机外表，去除农药附着。不可以流水或者水管直接冲洗电机，以免电机内部进水导致损坏。定时检查电机动平衡是否良好(图 9.9)。

图 9.9　作业后的电机

六、螺旋桨

螺旋桨发生断裂或破损必须更换，包括一些细小的裂缝都应及时检查与发现。螺旋桨的安装不得有水平与垂直方向上的松动，如松动，可能会造成飞行不稳定。作业完毕必须清理农药残留（图 9.10），否则农药附着有可能腐蚀螺旋桨，缩短螺旋桨使用寿命。

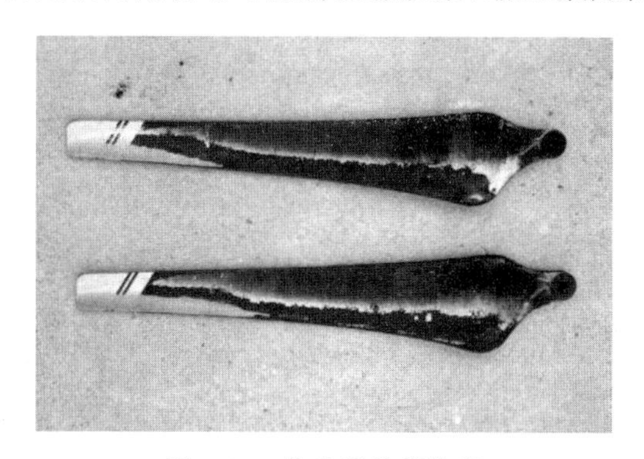

图 9.10　作业后的螺旋桨

七、锂电池

（1）新电池使用前，必须确认电量充足。

（2）新电池避免大电流充电，建议以慢充充电。

（3）避免深度放电，单片电池电压应高于 3.6V。

（4）电池长期不使用时，应保持在单片电芯电压 3.85V。

（5）电池长期不使用时，应每月进行一次完整的充、放电。

（6）存放环境保持干燥，温度控制在 0～40℃。

（7）禁止满电存放超过 7 天，在充满电未使用的情况下，应尽量在 3 天内进行放电。

（8）避免长期使用快充充电，应定期以慢充进行充电，保证电芯电压平衡。

（9）电池严禁抛投，避免掉落和碰撞；否则会造成电池变形乃至失效。

（10）锂电池如撞击或插头短路有自燃的可能，必须将电池整齐装入防爆箱，避免散放。这样不仅可以避免电池运输受损，而且可以减少自燃的风险（图 9.11）。

图 9.11　损坏的插头

八、固件升级

对于拥有地面站的植保无人机，需要升级固件的部分包括 App 版本、遥控器固件、飞行器固件,将这些固件升级到最新版本,有利于植保无人机维持在最佳状态。一般情况下,遥控器固件和飞行器固件必须在同一版本(图 9.12)。

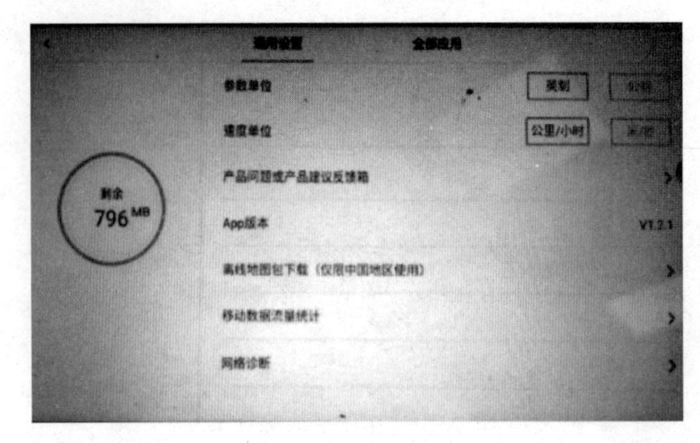

图 9.12　固件升级

第五节　应急事件处理

一、中暑

植保无人机作业人员工作在户外,并且作业期往往户外温度较高,有可能造成中暑。

上午 11 时到下午 3 时是一天当中温度最高时段,喷雾作业会造成作业效果下降,所以应避免在酷热的中午时间进行植保作业。

出现中暑情况应当采取以下措施。

(1) 迅速撤离引起中暑的高温环境,选择阴凉通风的地方休息。

(2) 补给水分,最好是含盐的饮料或者矿泉水。

(3) 做降温处理,用冷毛巾湿敷患者,如果可能,将患者移到有冷气设备的地方。

(4) 在额部以及面部涂抹清凉油、风油精等,或服用人丹、十滴水、藿香正气水等中药。

(5) 如果出现血压降低、虚脱,应立即平卧,及时去医院静脉滴注盐水。

二、农药中毒

经过良好防护的作业人员不易发生农药中毒,植保无人机作业时发生中毒往往是因为未做防护或者防护不当,农药通过皮肤、呼吸系统侵入人体,造成中毒事件的发生。

农药的类型众多,造成的病征不同,主要是头晕、头痛、恶心、呕吐、流涎、多汗、视物模糊、乏力等。

发现操作人员中毒应进行以下操作。

(1) 带离作业现场,进入空气新鲜的区域。

(2) 脱掉被污染衣服,清除可能的农药附着物。

(3) 立即冲洗暴露的皮肤及眼部。

(4) 立即漱口,清除口腔农药残留。

(5) 立刻送医。

常用解毒剂：阿托品、解磷定等。

皮肤感染：尝试使用肥皂水清洗。若皮肤发炎可以用20%的苏打水湿绷带包扎；若为少量农药自呼吸道黏膜进入，则尝试服用维生素C、枸杞、青柠檬水等。

课后题

1. 植保飞防作业对时间有要求吗？
2. 在进行无人机植保飞防作业前，操作人员需准备哪几项工作？
3. 植保作业过程中操作人员如果出现了药物中毒，应采取什么措施？
4. 植保无人机所用电池应当如何储存和运输？
5. 植保飞防作业人员应该处于什么风口下进行作业？

附　录

附录一　小麦飞防施药案例

<table>
<tr><td>农作物</td><td>小麦</td><td>使用机型</td><td colspan="2">某植保无人机</td></tr>
<tr><td>作业面积</td><td>3.2万亩</td><td>作业时间</td><td colspan="2">2018年3月</td></tr>
<tr><td>喷头</td><td>离心式喷头</td><td>飞行高度</td><td colspan="2">2m</td></tr>
<tr><td>飞行速度</td><td>5m/s</td><td>喷幅</td><td colspan="2">3m</td></tr>
<tr><td>作业模式</td><td>全自主航线</td><td>生长周期</td><td colspan="2"></td></tr>
<tr><td>作业地点</td><td>河北省邯郸市</td><td>植保目标</td><td colspan="2">防治野燕麦、节节麦以及阔叶草</td></tr>
<tr><td>风力</td><td>晴　无风</td><td>温度</td><td colspan="2"></td></tr>
<tr><td rowspan="5">农药信息</td><td colspan="3">谷舞牌氧唑磺隆　水分散颗粒</td><td>亩用量3.5g</td></tr>
<tr><td colspan="3">强滴牌双氟磺草胺+2～4滴异辛酯(悬乳剂)</td><td>亩用量100mL</td></tr>
<tr><td colspan="3">先正达秀特牌丙环唑(乳油)</td><td>亩用量15mL</td></tr>
<tr><td colspan="3">劲彪牌高效氯氟氰菊酯(乳油)</td><td>亩用量20mL</td></tr>
<tr><td colspan="3">生长调节剂微肥(水剂)</td><td>亩用量30mL</td></tr>
<tr><td>配药原则</td><td colspan="3">二次稀释法</td><td>亩用量750mL</td></tr>
<tr><td rowspan="4">飞防效果</td><td colspan="2">作业前</td><td colspan="2">喷洒除草剂7天后</td></tr>
<tr><td colspan="2"></td><td colspan="2"></td></tr>
<tr><td colspan="2">喷洒除草剂7天后</td><td colspan="2">喷洒除草剂25天后</td></tr>
<tr><td colspan="2"></td><td colspan="2"></td></tr>
<tr><td>飞防总结</td><td colspan="4">春天气温回暖,小麦生长迅速,为避免杂草对小麦作物产生危害,同时提高小麦产量、稳粮增收,春季小麦除草作业很关键。3月春季天气多变,容易有风,需密切关注天气变化,一旦风速过大,不利于作业就立刻停止,天气转好马上抓紧时间作业。此次,作业效率依然远超人工,而且除草效果良好,经过除草作业的小麦长势旺盛,没有产生药害</td></tr>
<tr><td>作业人员</td><td colspan="2">×××</td><td>验证人员</td><td>×××</td></tr>
</table>

附录二　水稻飞防施药案例

农作物	水稻	使用机型	某植保无人机
作业面积	348 亩	作业时间	2017 年 8 月
喷头	离心式喷头	飞行高度	2m
飞行速度	5m/s	喷幅	3m
作业模式	全自主航线	生长周期	水稻破口期
作业地点	辽宁省盘锦市	植保目标	防治水稻稻瘟病、纹枯病
风力	晴　风力二级	温度	26℃
农药信息	50%吡蚜酮		亩用量 20g
	10%井冈霉素水剂		亩用量 100mL
	2%春雷霉素水剂 		亩用量 100mL
飞防效果	作业前 		作业后
飞防总结	飞防施药后大概 10 天后，水稻的病虫害得到了有效的控制，也没有爆发的倾向，长势良好、颗粒饱满。纹枯病、稻瘟病等是危害水稻减产甚至绝收的罪魁祸首之一，在水稻破口期就是防治纹枯病、稻瘟病、稻飞虱等病虫害的最佳时期，因此作业结束后需要对作业效果进行持续的跟踪和回访，及时地在最佳防治时期控制此类病虫害爆发		
作业人员	×××	验证人员	×××

附录三　玉米飞防施药案例

农作物	玉米	使用机型	某植保无人机
作业面积	120 亩	作业时间	2017 年 8 月
喷头	离心式喷头	飞行高度	
作业模式	全自主航线,GPS	生长周期	玉米,籽粒形成期
作业地点	陕西省榆林市	植保目标	防治玉米黏虫
风力	晴　风力二级	温度	25℃
农药信息	杜邦康宽		亩用量 10mL
	高效氯氟氢聚酯		亩用量 30mL
	飞防助剂		亩用量 50mL
	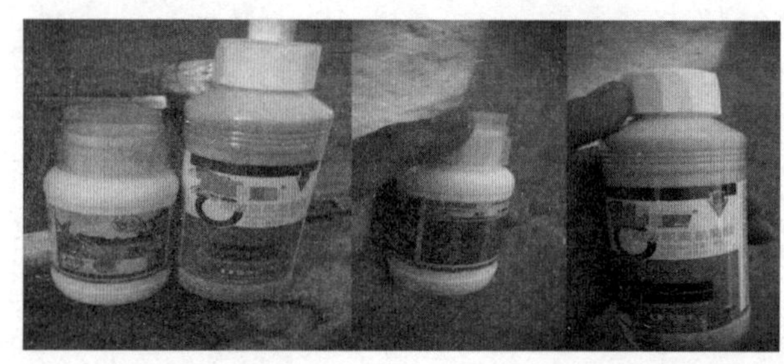		
飞防效果	作业前		作业后
飞防总结	首先在进行飞防作业前,需了解玉米的病害特征,做到对症下药,施药仅隔一天时间,回访调查昨日施药情况,大部分黏虫已经死亡,少许大龄黏虫虽未死,但中毒明显,做最后的挣扎。 总结:玉米黏虫幼虫虫龄越大,抗药性越强,要及早防治,争取把黏虫消灭在低龄期;虫龄大时需要适当加大药量,确保防效。喷药时避开高温天气,防止药害和中毒、中暑情况发生,喷药最好选择在上午 9 时前和下午 5 时后		
作业人员	×××	验证人员	×××

附录四 棉花飞防施药案例

经济作物	棉花	使用机型	某植保无人机
作业面积	0.5 亩	作业时间	2017 年 8 月
喷头	离心式喷头	飞行高度	1.7～2m
作业模式	全自主航线,GPS	生长周期	
作业地点	新疆图木舒克市	植保目标	棉花施脱叶剂
风力	晴　微风	温度	27℃
农药信息	瑞脱龙噻苯隆		亩用量 30g
	瑞脱龙专用助剂		亩用量 30g
	乙烯利		亩用量 70g
	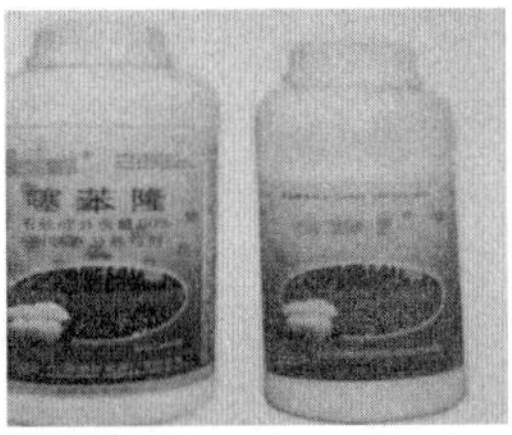		
飞防效果	作业前		作业后

飞防总结	棉花脱叶剂的喷洒主要是为了快速催熟,叶片在枯萎前脱落,可避免枯叶碎屑污染棉絮,提高棉花质量。改善棉花成熟条件,抑制贪青,增加棉田的吐絮,提高棉花质量 (1) 飞防作业前要校准流重,保证喷洒系统正常,经常检查药箱药液进出嘴和流量计是否受腐蚀 (2) 关注施药前后的气温变化,用药前后 3～5 天日最低温度不低于 12℃,严禁白天 30°以上和夜间低于 18°条件下作业 (3) 脱叶剂是一种接触型脱叶剂,施药时应对植株各部位的叶片均匀喷雾,农药配制严格按照二次稀释法进行,药液现配现用 (4) 严禁在二级以上风力情况作业,严格按推荐剂量施用。剂量过高会带来枯叶的危险;剂量过低含导致脱叶不充分			
作业人员	×××	验证人员	×××

附录五　柑橘树飞防施药案例

经济作物	柑橘树	使用机型	某植保无人机	
作业面积	50 亩	作业时间	2018 年 5 月	
喷头	压力式喷头(xr1100vs)	飞行高度	2m	
作业模式	手动	环境条件	周围杂草较多，有其他灌木	
作业地点	湖南韶关	植保目标	飞防作业控梢	
风力	晴　微风	作业间距	4m	
飞行速度	2m/s	亩施药量	2.5～3L	
农药信息	农药名称	剂型	有效成分及含量	亩用量/mL
	封梢	乳油	125g/氟节胺	80～100
	雨燕专利飞防助剂	助剂	植物多元醇等	40

飞防效果	作业前		作业后	
飞防总结	柑橘树除了病虫害防治外，控梢也很重要。若要保障柑橘果树高产、稳产，必须要进行合理控梢。氟节胺对作物芽点生长的抑制作用比较明显，对果实和老叶比较安全，有一定内吸性，持效期雨燕专利飞防助剂抗蒸发、抗飘移、促铺展、提雾化，在柑橘树飞防应用中必不可少。柑橘树控梢所用药剂为专用药剂，其他药剂极有可能产生药害，柑橘树飞防必须加飞防助剂。此外，尽量在上午 10 时之前与下午 5 时之后进行作业。本次飞防作业控梢效果明显，持效期 20 天以上，对果实安全、效率高、效果好			
作业人员	×××		验证人员	×××

附录六　荠菜飞防施药案例

<table>
<tr><td>蔬菜作物</td><td>荠菜</td><td>使用机型</td><td>某植保无人机</td></tr>
<tr><td>作业面积</td><td>135 亩</td><td>作业时间</td><td>2017 年 9 月</td></tr>
<tr><td>喷头</td><td>离心式喷头</td><td>飞行高度</td><td>1.5m</td></tr>
<tr><td>作业模式</td><td>手动</td><td>植保目标</td><td>防治蚜虫、菜青虫</td></tr>
<tr><td>作业地点</td><td>辽宁省沈阳市</td><td>天气</td><td>晴　24℃</td></tr>
<tr><td rowspan="5">农药信息</td><td colspan="2">农 药 名 称</td><td>亩用量/mL</td></tr>
<tr><td colspan="2">曹达啶虫脒</td><td>100</td></tr>
<tr><td colspan="2">美丰高效氯氟氰菊酯</td><td>50</td></tr>
<tr><td colspan="2">博克百胜毒死蜱</td><td>50</td></tr>
<tr><td colspan="3"> 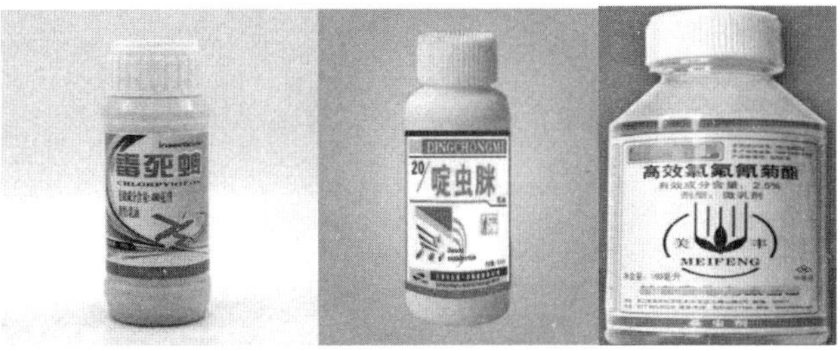</td></tr>
<tr><td rowspan="2">飞防效果</td><td colspan="2">作业前</td><td>作业后</td></tr>
<tr><td colspan="2"> </td><td> </td></tr>
<tr><td>飞防总结</td><td colspan="3">曹达啶虫脒具有极强的内吸传导性，药液接触植物后可快速进入植物体内，并随汁液上下传导至幼芽、叶片缝隙，彻底杀灭暗处吸食作物的害虫，对蚜虫类刺吸式口器害虫有突出防治效果。美丰高效氯氟氰菊酯是一种破坏害虫神经系统的拟除虫菊酯类杀虫剂，具有触杀和胃毒作用。建议与不同作用机制杀虫剂轮换使用，不能与石硫合剂和波尔多液等强碱性物质混用，对蔬菜蚜虫和菜青虫有较好的防治效果。由于东北地区气温偏低、蚜虫偏重，所以增加了啶虫脒的用量，并且在上午 9 时后气温升高开始作业，作业当天有三级阵风，地势平坦，所以高度用 1.8m 增加风场效果，减少药物飘移。注意：要喷洒均匀、上和下打透，并可根据虫情适时防治 2～3 遍</td></tr>
<tr><td>作业人员</td><td>×××</td><td>验证人员</td><td>×××</td></tr>
</table>